KB016356

아이
마음
공부

아이
마음
공부

초판   1쇄 발행 2019년 1월 15일

지은이   우 리
펴낸이   한승수
펴낸곳   문예춘추사
편집   한진아
마케팅   박건원
디자인   이유진

등록번호   제300-1994-16
등록일자   1994년 1월 24일
주소   서울시 마포구 동교로27길 53 지남빌딩 309호
전화   02-338-0084
팩스   02-338-0087
이메일   moonchusa@naver.com

ISBN   978-89-7604-374-0   03590

값은 뒤표지에 있습니다.
잘못된 책은 바꿔 드립니다.

아이마음

아이와 엄마가
상처받지 않는
행복한
공감육아

우리 지음

공부

문예춘추사

오마이뉴스 인기 연재
'초보엄마의 육아기행' 단행본 출간

초보 엄마의
육아 기행

육아에 좋다는 여러 방법은 내 나름대로 다 시도했다. 미칠 지경이어서 포기하고 싶을 때도 많았지만 미치도록 육아를 잘하고 싶었다. 객관적인 기준에서는 내 육아가 '기행(奇行)'에 가까울 정도로 바보스러울지도 모른다.

하나밖에 없는 아이, 누구나 그렇겠지만 나도 정말 잘 키우고 싶었으나 마음처럼 되지 않았다. 나만 굳게 마음먹으면 될 줄 알았는데 혼자서는 무리였다. 육아에는 주위 사람들의 도움이 절실하다. 그러나 자신이 힘든 만큼 남도 힘들다는 것을 잘 이해하지 못하는 사람들은 '세상에 너보다 힘든 사람이 얼마나 많은데 그 정도로 뭘 그래? 나는 더 힘들어.'라고 할 수도 있다. 어쩌면 '아이 하나 키우면서 너 혼자서도 충분하잖아?' 하며 육아를 우습게 여길지도 모른다.

그 외로움을 잘 알기에 친한 친구가 임신을 한 후, 나는 몇 년 먼저 출산한 선배로서 이제 막 엄마가 되는 친구에게 도움이 될 만한 내용들을 편지로 써서 보냈다. 친구가 출산하고 나서도 아이를 키우는 엄마들에게 쓰는 편지라고 생각하며 계속 썼다.

육아 정보를 검색하다가 인터넷 신문에서 시민 기자로 글을 쓸 수 있다는 걸 알게 됐다. 나처럼 전문가가 아닌 평범한 사람들이 육아 일기를 쓰고 그 이야기가 기사로 실린다는 점이 흥미로웠다. 반갑기도 하고 두렵기도 한 마음으로 내 경험에 바탕을 두고 기사를 썼는데 사람들이 공감해주고, 편집부에서 메인 기사로 올려주기도 했다.

그럴 때면 나는 '참 잘했어요!' 도장을 받은 듯 성취감을 느꼈다. 육아에 대한 글을 쓰다 보니 육아 스트레스도 풀렸고, 나 자신을 좀 더 섬세하게 돌아볼 수 있어서 바람직한 영향들이 많았다. 육아로 인해 아무 일도 시작할 수 없을 것 같았는데 원고료까지 받으니 육아를 하면서도 일할 수 있구나 싶어 뿌듯했다. 이 책은 자칭 푼수이고 바보 엄마인 내가 아이를 키운 5년여간, 짧다면 짧은 시간 동안 기울인 내 지질한 노력들의 기록이다.

아이에 대해서는 어느 것도 괜찮다고 말할 자신이 없다. 아이는 여전히 말썽을 피우고, 남들의 시각에서 보았을 때는 부족한 게 많은 엄마와 아이일 것이다. 지극히 평범하다고 우겨보고 싶지만, 잘 자라다가 언제 또 말썽이나 문제를 일으킬지 예측하기 어렵다. 영특한 듯하다가도 가슴이 덜컹할 정도로 부족해 보이기도 하니까.

이런 나 자신이 부끄럽고 완벽하지 않으니 '엉망진창 육아서'라고 비난받을 바에는 그냥 출판하지 말까 하고 수백 번 고민했다. 서점에 놓인 많은 전문가의 육아 서적들을 보며 기가 잔뜩 죽었다. 어디에도 나처럼 문제투성이인 부모가 낸 책은 찾기 어려웠다. 빼어난 학벌이나 스펙을 갖춘 것도, 뛰어난 육아 방법이 있는 것도 아닌 나. 이런 내가 육아에 대해 얘기해도 될까 망설여졌지만, 내 책은 육아 전문서나 육아 성공기라기보다는 오히려 자기반성에 가까운 육아 성장기이다. 엄청난 육아 지식을 소유한 전문가들과 나는 속된 말로 잽이 안 된다. 수많은 아이의 사례를 연구한 전문가들에 비하면 내 이야기는 제3자가 보았을 때는 쓸데없이 별 도움 안 되는 내용들로만 가득할 것이다.

하지만 세상에는 전문가보다는 나 같은 초보 엄마가 더 많기에, 바로 지금 그들과 같은 고민으로 눈물을 흘리고 있기에 나만이 공감과 위로가 되어줄 수 있는 부분이 분명 있으리라. 내 아이는 영재도 아니고, 평범하다기보다는 못났다. 나도 좋은 엄마가 아니고, 부족한 점이 많은 못난이다. 나처럼 모든 게 처음이고 서툰 엄마들과 그 고민을 나누고 싶다. 엉성한 좌충우돌 육아 과정에서 내가 아이를 키우면서 느끼고 깨닫고 터득한 점들을 공유하여 다른 엄마와 아이들이 조금 덜 힘들었으면 좋겠다.

물론 내 이야기는 처음으로 육아를 하는 엄마들에 한정된 이야기는 아닐 것이다. 아이 둘, 셋을 키워도 아이의 성향이 저마다 다르기 때문에 매번 새롭고 어려운 것이 육아이다. 아이를 어느 정도 키워냈다고 해서 초보 딱지를 뗄 수 있는 것도 아니다. 첫째는 처음이라 힘들고, 둘째는 둘이 되어서 힘들고, 발달 단계마다 아이는 변화무

쌍하고…… 육아의 고단함은 정말 끝이 없다. 누구도 나와 같은 실수를 다시 하지 않길 바란다. 부디 우리가 좋은 엄마까지는 아니어도 더 나은 엄마가 될 수 있기를.

차 례

4 훈육, 사람부터 되어야지

나는 넘치는 의욕으로 끊임없이 아이에게 말을 걸어주고
딸랑이를 흔들어댔다. 하지만 이것도 하루 이틀이지,
아침이 되면 오늘 하루는 대체 어떻게 넘기나,
무슨 놀이를 해주나, 라는 걱정에 마음이 무거워졌다.

이럴 줄
모른 채
엄마가 되고
말았다

1

임신부터 출산까지
그 황홀한 고통

드라마나 영화에서는 엄마가 출산하고 나면 아기를 안고 감동의 눈물을 흘리는 장면이 많이 나온다.

나도 그걸 기대했고 그럴 줄 알았다. 하지만 드라마와 현실은 달랐다. 임신 37주 만에 양수가 터져서 꼬박 24시간을 진통했다. 아기가 산도를 따라 나오고 나면 시원할 거라던 말을 믿었으나 출산 이후의 고통이 더 컸다. 아기를 낳고 나서도 자궁에 남은 찌꺼기를 빼내느라 배를 누르는데 자꾸만 아파서 배에 힘이 들어갔다. 눈을 질끈 감고 어떻게든 낳고 나면 굉장히 감격스러울 줄 알았는데…… 웬걸, 회음부를 꿰맬 때 한 땀 한 땀 바늘로 찌르며 실이 왔다 갔다 하는 것이 끔찍하리만큼 생생하게 느껴졌다. 무통 주사를 여러 번 맞았는데도 소용이 없었다.

먼저 출산한 언니들의 말로는 무통 주사를 맞지 않고 낳으면 출산의 고통이 크기 때문에 회음부를 꿰맬 때는 아픔을 못 느끼는데 나는 무통 효과로 오히려 잘 느껴지는 것 같았다. 그 와중에 아기를 내

14

품에 안겨주는데 정말 정신을 제대로 차릴 수가 없었다. 아기를 처음 봤을 때 산모들이 눈물을 흘리며 감격하고 아기를 안아 젖을 물리는 아름다운 장면은 나에게 먼 이야기였다. 아기를 안기는 동시에 바늘이 회음부로 콕콕 들어오는 통에 감격할 겨를이 없었다.

아기에게는 미안하지만 감동보다 고통이 더 컸다. 아기를 키우다 보면 출산할 때 아팠던 기억은 다 잊힌다지만 나는 잊을 수 없을 것 같다. 출산 당시와 그 이후뿐만 아니라 임신 기간 동안에도 마냥 행복할 수는 없었다. 임신 중에도 고비가 많았다. 임신하고 나서 하루도 빼놓지 않고 쓴 일기를 펼쳐보면 그중에서 특히 아팠던 기억들이 새록새록 떠오른다.

"다운고위험군입니다. 내원하세요."

임신 4개월 무렵에 태아의 다운증후군 검사 결과가 1:170으로 다운고위험군이라는 이야기를 들었다. 머리가 하얘졌다. 당장 병원에 가야겠는데 혼자서 갈 용기가 나지 않았다. 엄마에게 전화하는데 입이 얼어붙었다. "엄마" 하고 부르고 나서 한참 뒤에야 입을 떼었다. 엄마도 놀라서 잠시 말이 없다가 당신도 병원으로 갈 테니 어서 오라고 했다. 눈물이 뚝뚝 떨어졌다. 가까스로 옷을 입고 모자를 눌러 쓰고 택시에 올랐다. 긴장된 마음으로 진료를 받으러 들어가니 의사 선생님이 너무 걱정하지 말라는 말씀부터 했다.

의외였다. 하지만 나는 겁이 나서 또 펑펑 울어버렸다. 선생님은 "엄마가 아직 아기네." 하면서 원래 다운증후군 검사 결과의 정상 기준이 270(0.37퍼센트 위험 확률)인데 170(0.58퍼센트 위험 확률))이 나왔다고 설명했다. 수치가 100이 모자란 것이다. 다운증후군일 가능성은 100명 중 두세 명꼴이니 너무 울지 말라고 나를 다독였다. 출산할 때까지 무작정 걱정만 하고 있으니 편안한 마음으로 아기를 기다리기 위해 양수 검사를 하는 경우도 있다고 들었다. 양수 검사를 하면 아이가 다운증후군인지, 혹은 다른 이상은 없는지 더욱 확실하게 알 수 있기 때문이다. 하지만 양수 검사의 부작용이 내 귓전을 찔렀다.

고민 끝에 대학 병원으로 가니까 접수하는 데도 한참 걸리더니, 먼저 아이의 상태를 확인하기 위해 초음파 검사를 한 후 양수 검사를 받기까지 한 시간 반이 넘게 걸렸다. 양수 검사의 부작용이 걱정됐던 터라 그나마 위험부담이 적다는 2차 혈액 검사에 대해서도 물어봤지만 별 의미가 없다는 의사 선생님의 답변이 돌아왔다.

그냥 주사를 맞는 정도라고 비교적 간단히 생각했는데 정작 수술실에 들어가니 두려웠다. 바늘은 일반 주사보다 가늘고 자궁에서 양수를 빼낼 때만 느낌이 이상할 수 있다고 했는데, 막상 의사 선생님이 들어와서 내 배에 소독약을 몇 번이고 바르니까 절로 긴장이 되었다. 먼저 질 초음파로 자궁 내부를 들여다보고 나서 수술 천으로 내 배를 가리고 초음파상 아기의 위치를 확인하면서 주삿바늘 넣을 곳을 찾았다. 의사 선생님이 내 배를 쿡쿡 찌를 때 아기가 누워 있는 윗부분이 들어가는 게 신기했다. 가볍게 누르는 것만으로도 아기집이 이렇게 울리다니 아기에게 더 신경 써야겠다는 생각이 들었다.

주삿바늘이 내 배를 겨누기 직전에는 가슴으로 손을 올리기도 무서웠다. 초음파로 아기의 움직임을 주시하며 검사를 진행하지만, 혹시나 아기가 갑작스럽게 손을 뻗거나 몸을 트는 최악의 경우 그 날카로운 바늘이 아기에게 닿지나 않을까 두려운 마음에 배를 움켜쥐고 있던 내 손에는 땀이 흥건했다. 의사 선생님이 주삿바늘로 찌를 때는 따끔했고 예상보다 길게 양수를 빼내는 동안 뻐근했지만, 주삿바늘을 뺄 때는 따가울까 봐 잔뜩 얼었던 데 비해 아무 느낌도 나지 않았다. 간호사들이 많이 긴장했나 보다고, 내 숨이 되게 가빴다고 한다. 나는 검사가 끝나면 수술실에서 바로 걸어 나가면 되는 줄 알았는데 환자처럼 침상에 누워서 나가야 했다.

그리고 40분 정도를 회복실에서 누워 있었다. 처치 후에 아플까 두려웠는데 통증은 다행히 없었다. 몇 주 후 정상이라는 기쁜 소식을 들었지만, 양수 검사 결과를 기다리는 동안 별별 망상으로 태교에 집중하지 못해 괴로웠다.

양수 검사를 한 지 이틀째 새벽에는 온몸이 벌벌 떨려왔다. 그 떨림이 도무지 멈추지 않아서 양수 검사의 부작용은 아닌지 의심스러웠고, 그로 인해 아기가 잘못될까 봐 너무 무서웠다. 응급실에 가서 검사를 하니 아기는 다행히 배 속에서 잘 놀았고, 내 몸의 떨림은 요로 감염 때문이었다. 며칠간 약을 먹어야 했는데, 아기에게 해로울까 걱정됐지만 오히려 먹지 않으면 더 악화되어 독한 약을 써야 하니 꼭 바로 먹어서 치료를 해야 한다고 의사 선생님이 당부했다. 건강에는 자신했기에 내가 임신 중에 응급실로 실려 가게 되리라고는 상상하지도 못했다.

임신 중에 크게 놀란 일은 또 있었다. 어느 날 냉과 함께 드문드문 피 얼룩이 보인 것이다. 너무 놀라서 다시 휴지에 묻혀보니 피가 약간 묻어 나왔다. 그 뒤로 또 묻혀봤는데 그때는 피가 나오지 않았다. 그래도 갑자기 냉과 섞여 나온 피, 당황스러웠다. 장이 있는 쪽이 쑤시긴 했으나 아기에게 무슨 문제가 있는 건 아닌지 두려웠다.

화장실을 나와서 약간 멍한 채로 있다가 엄마에게 전화했는데 휴대폰이 꺼져 있었다. 우선 아빠와 남편에게 전화를 걸었다. 남편에게 전화하는 순간부터 눈물이 쏟아지기 시작했다. 무서워서 눈물이 계속 흘렀다. 병원에 가려고 옷을 입고 택시 안에서 마음을 추슬렀다. 병원에 가서도 접수를 해야 하는데 눈물이 펑 터졌다. 민망하게도 말조차 나오지 않았다. 간호사가 휴지를 건네면서 이렇게 울면 아기한테 안 좋다고, 괜찮을 거라고 위로했다.

하필 병원에 간 시간이 점심때여서 오후 2시에야 진료를 받았다. 엄마도 내가 걱정되어 병원에 오셨다. 아기는 다행히 잘 있고, 일주일 사이에 몸무게가 또 늘었다. 1.51킬로그램. 질 초음파 검사도 했는데 아무 문제 없다고, 아마도 항문이 부어서 피가 난 것 같다고 했다. 아기가 밑으로 내려와 있지만 괜찮고, 출혈 증세는 없다고 했다. 그제야 안심이 됐다.

그날 평소 궁금했던 땀띠에 대해서도 물어봤다. 땀띠가 너무 심하게 온몸에 나는 것 같다고 보였는데 이것은 땀띠가 아니라 '임신성 소양증'이라고 했다. 생전 처음 들어보는 병명이라 얼떨떨했다. 임신성 소양증은 임신성 알레르기라고 하는데, 임신을 하면서 몸에 변화가 생기고 아기라는 새로운 생명체가 안에 있으니 몸이 알레르기 반응을 보이는 것이다. 이 증상이 심해지면 산모가 힘들어져서 유도 분만을 하는 경우도 종종 있다고 하면서 의사 선생님은 연고를 처방했다. 하지만 나는 걱정이 많은 엄마였기에 그 연고를 바르지는 않았는데 다행히 가려움증이 심하지 않았던 데다가 얼마 지나서 사라졌다.

험난한 임신 기간이 끝나고 이젠 아들아이와 옥신각신 하루를 잘 보내고 있다. 지금도 아이가 아프지는 않을까 늘 마음을 졸인다. 출산을 하기 전후, 내 인생이 많이 달라졌다. 결혼은 막연하게 아줌마가 되는 과정이라고만 여겼다. 출산하고 나서부터는 아이를 위해, 또 나를 위해 아줌마라는 타이틀을 넘어서서 자랑스러운 엄마가 되고 싶어서 아이와 함께 하루하루를 소중히 보내고 있다.

엄마 본능으로
모유 수유를 잘할 수 있다고?

출산 직후 엄마들의 가장 큰 고민은 모유 수유이다. 나는 정말 만만하게 봤다. 아이가 알아서 쭉쭉 먹겠지. 그런데 웬걸, 내 아이는 3개월여가 지나도록 젖을 빨지 않았다.

젖을 바로 먹이고 싶었지만 진통제를 복용한 상태라서 하루 지나서 젖을 물렸는데 그때는 아이도 입술이 뒤집어질 만큼 열심히 빨았다. 하지만 모유량이 적었고, 37주 만에 태어나서 그런지 아이가 황달에 걸렸다. 광선 요법으로 아이의 황달을 빨리 치료하고 영양을 보충해주는 것이 급선무였기에 나는 수유를 중단하고 유축을 해서 젖을 먹였다. 그때부터 마치 젖소가 된 기분이었다.

아이가 광선 치료를 받아야 해서 하루에 몇 번밖에 볼 수 없었는데도, 그 시간마저 아이를 안아주지 않고 조리원 방 안에서 유축기로 모유를 짜느라 허리가 아플 지경이었다. 아이와의 교감도 중요했지만, 황달이 모유를 충분히 먹이지 못한 탓인 것만 같아 내 아이가 먹고서 건강해질 모유의 양에 민감해졌다. 모유를 많이 먹여야 아이의 황달도 빨리 치료될 수 있을 것 같았다. 유축을 한 젖병들을 모아두는 곳에 갈 때마다 모유가 많이 들어 있는 젖병을 보면 참 부러웠다.

집에 와서도 아이는 젖병으로 먹는 게 습관이 되었는지 직수를 하려 하지 않고 젖병만 찾았다. 매번 젖을 물리려고 시도했지만 아이는 계속 고개를 쌀쌀 내둘렀고, 차츰 포기할까 싶은 마음이 치고 올라왔다. 그런데 3개월쯤 지났을 때 아이가 갑자기 딸꾹질을 시작해서 멎게 하려고 젖을 한번 물려보니 그때부터 직접 빨기 시작했다.

하지만 직수에 성공했다는 기쁨도 잠시였다. 친정 엄마도 나를 키울 때 분유를 먹였고, 주변에서 모유 수유를 경험한 사람이 없어서 젖을 물리는 방법을 전혀 몰랐다. 모유 수유에 대한 강연을 직접 듣고 책이나 영상도 찾아봤지만 아이가 젖을 보면 달려들어 물기에 바빠서 잘못 물리고 말았다. 그래서 아이가 젖을 먹을 때마다 나는 너무 따갑고 아파서 눈물을 펑펑 흘리면서 수유했다. 유두가 다 헐고 피가 나서 연고를 발라야 했는데 유두에 바른 연고가 아이 입속으로 들어가서 건강에 좋지 않을까 봐 그마저 몇 번 바르지 못했다.

그렇게 직수를 하고 며칠이 지난 어느 날 아침, 젖이 돌덩이처럼 딱딱해지고 온몸이 덜덜 떨리면서 오한이 나고 열이 끓었다. 산부인과 응급실에 가서야 의사 선생님에게서 제대로 수유하는 법을 배울 수 있었다. 원래 유륜까지 깊게 젖을 물려야 했는데 나는 유두만 얇게 물려왔다. 그래서 아이가 젖을 다 비워내지 못하니까 유방에 남은 모유의 양이 많아져서 유선염에 걸리게 된 것이었다. 이후 올바른 방법으로 수유하니 유방도 아프지 않고 젖도 굳지 않았다.

젖이 잘 나오지 않아서, 혹은 젖이 너무 잘 나와서 유선염으로 눈물을 쏙 빼며 밤을 지새우는 엄마들. TV나 영화에 나오는 엄마와 아이 사이의 따뜻한 수유 장면은 그저 환상이라는 걸 깨닫게 된다. 하지만 모유 수유에 어렵사리 성공하고 나니 또 다른 고민에 부딪혔다.

모유 수유를 하면서 내 모유로 아이가 영양을 골고루 섭취하고 있는지 궁금했다.

갓난아기들의 경우 야외 활동이 적어서 햇볕을 자주 쬐지 못하기 때문에 비타민D 결핍이 생기기 쉽다. 이때 심하면 구루병이 오기도 하는데 구루병이란 비타민D가 결핍되어 성장판에 이상이 생기고 뼈가 약해지는 증상으로 '오자 다리'가 될 수 있다.

하루 20분 정도 햇볕을 쬐는 것도 좋지만 그것만으로는 비타민D를 충분히 채울 수 없다고 한다. 게다가 모유에 풍부한 영양이 들어 있긴 하지만 구루병을 예방할 수 있을 만큼은 아니라고 들으니 걱정스러웠다.

물론 너무 이른 나이에 아기에게 영양제를 먹이는 것이 꺼림칙했다. 나는 소아청소년과 의사 선생님과 약사 선생님에게 여쭤본 다음에 대한소아과학회 사이트(www.pediatrics.or.kr)에서 알아보고 먹였다.

다들 잘만 수유하는데 왜 나만 이렇게 힘들까, 속상했지만 그것도 잠시였다. 내 우려와 달리 무려 21개월 동안 모유 수유를 했다. 아기가 처음에 젖을 물지 않더라도 계속 시도해보면 언젠가는 엄마 마음을 알아줄 날이 올 것이다.

그렇다고 꼭 모유 수유를 권하지는 않는다. 어떤 사람들은 분유를 먹이면 아이의 면역력이 약해진다는 소리를 하곤 하는데 그렇지 않다고 생각한다.

나도 3개월간 유축하는 게 힘들고 손이 아파서 포기하고 싶었다. 거기서 쌓인 짜증으로 아이를 편히 안아주는 것조차 버겁게 느껴진 적도 있었다. 모유 수유를 강요하는 것은 엄마에게 정신적 스트레스를 안기고, 엄마가 힘들면 그 영향이 아이에게도 고스란히 간다.

모유의 양이 적거나 엄마 몸이 좋지 않을 경우 분유를 먹어도 아이는 충분히 건강하게 잘 자란다. 중요한 점은 엄마와 아이가 편안하게 교감하면서 모유로든 분유로든 영양을 잘 섭취하는 것이다.

모유 수유, 이것만은 꼭 챙겨라!

양쪽 유축 호스

시중에는 다양한 유축기가 있다. 대부분 산후조리원에서 쓰던 유축기를 사는데 보통 한쪽 가슴만 유축하는 것이다. 양쪽 전동 유축기도 있지만, 나도 그것까지는 몰랐기 때문에 일반 전동 유축기를 샀다. 오랫동안 유축을 하다 보니 단시간에 많은 양을 짜내고 싶다는 욕심이 생겼다. 그러다가 양쪽 유축을 할 수 있도록 연결해주는 호스를 사면 같은 시간에 양쪽 가슴을 짜낼 수 있다는 것을 알게 됐다. 아기를 보랴, 유축을 하랴 시간이 금인 엄마들에게 양쪽 유축기를 추천한다. 보건소에서 유축기를 약 3주간 무료로 대여할 수 있으니 그 유축기를 먼저 사용해본 후 구매하는 것도 좋은 방법이다.

찬 양배추

모유를 먹이게 되면 몇 번씩 유선염에 걸리곤 한다. 오한이 나고 열이 오르고 몸살이 나서 응급실을 찾는 엄마가 많다. 이럴 때 얼음찜질도 좋지만, 간편하게 양배추를 냉동실에 넣어두었다가 꺼내서 열나는 가슴에 올리면 열이 가라앉는다.

수유 패드

모유량이 많은 경우 3시간마다 수유 패드를 갈아주는 것이 편리하다. 대형 마트의 유아용품 코너에 가면 비교적 저렴하게 많은 양의 수유 패드를 구입할 수 있다.

거즈 수건

수유 패드가 편리하긴 하지만 가슴이 패드에 닿아서 따갑고 쓰라릴 때가 많다. 이때 거즈 수건으로 대체하면 부드럽게 가슴을 감싸줘 통증이 덜하다. 부드러운 감촉을 선호한다면 수유 패드보다 거즈 수건을 써보기를 권한다.

수유 브라

적어도 3~4개 정도는 자신의 가슴 크기에 맞는 브래지어를 사둬야 한다. 땀이 많이 나고 모유가 흘러서 하루에 두 번 정도는 갈아입어야 하기 때문이다. 넉넉한 크기에 부드러운 것을 선택하자.

수유 시계 어플

수유하다 보면 아이에게 얼마만큼 먹였나 판단하기가 쉽지 않다. 물론 배변의 양을 보면 가늠할 수 있지만 오른쪽, 왼쪽 가슴을 골고루 먹이기 위해서 메모는 필수! 또한 유선염을 예방하려면 양 가슴을 충분히 비워야 하니 시간 체크를 꼭 해야 한다. 필기구로 종이에 메모해도 되지만 매번 챙겨서 적으려면 번거로우니 그때 사용하면 유용한 어플이다.

모유 저장팩

모유량이 많은 경우 유축하고 나면 냉동 보관을 해야 할 일이 생긴다. 냉동 보관 시에는 3개월까지 두고 먹일 수 있다. 엄마가 외출하거나 모유가 나오지 않을 때, 또는 아이에게 약을 먹일 때 물보다 모유에 타서 먹이면 더 잘 먹어서 편리한데, 다만 냉동 보관한 우유는 비린내가 심해 아이가 메스꺼워할 수 있다.

단유,
아이와의 첫 이별

아이가 16개월일 때부터 수유를 계속 할지 말지 갈등했다. 그 무렵에는 주변 엄마들도 하나둘 단유(斷乳)를 하고 있었기에 내가 너무 늦게까지 젖을 먹이는 게 아닐까 조바심이 났다.

아이가 이유식을 좀처럼 안 먹어 젖을 떼기로 강하게 결심하기도 했는데 고맙게도 그 무렵에는 잘 먹어줬다. 그래서 아이가 영양을 섭취하는 데 방해되는 건 아니기에 모유를 좀 더 먹이게 됐다. 단유에 성공한 선배 엄마들은 신세계가 열린다면서 강력하게 추천했지만, 젖을 먹고 싶을 때마다 손을 벌리면서 '주세요!' 표정을 짓는 아이를 바라보노라면 아직 나에게는 단유가 딴 세상 이야기 같았다. 많은 육아 프로그램에서 젖을 주는 것이 곧 아기에게 애정을 주는 것이라는 편견을 버리라고 했지만 나는 마음이 약했다.

원래는 아이가 24개월이 될 때까지 젖을 먹이려 했지만 엄마 가슴에 대한 아이의 애착이 점점 심해지는 걸 느꼈다. 아이는 울고 싶은 순간이면 내 가슴으로 달려들었다. 이래서는 안 된다는 결론에 쐐기를 박았다. 아이가 어려움을 느낄 때 그것을 해소하는 수단이 엄마 가슴이어서는 안 되기 때문이다. 아이가 가슴이 아닌 다른 방법으로 마음을 푸는 능력을 키울 수 있어야 하기에 단유가 시급했다.

또한 나 자신을 위해서이기도 했다. 수유하다 보면 손목과 허리 통증은 기본이고 가슴이 늘어지는 정도가 상상 이상이었다. 아마도 유축을 해서 더 그런 듯했다. 아이의 마음과 내 몸을 위해 단유하기로 결단을 내렸다.

그러고 나서 처음에는 친척들이 케첩을 바르면 효과가 있다기에 한번 시도해봤으나 아이가 충격을 받는 것 같아 별로 좋은 방법이 아닌 듯했다. 인터넷으로 검색해보니 애착 문제가 생길 수 있다는 말에 다시는 그렇게 하지 않았다.

대신 육아 프로그램에서 봤던 대로 젖 모양의 그림을 그려서 아이에게 설명해줬다. 스케치북에다 살색 색연필로 양쪽 가슴을 그린 후 각 가슴마다 동그라미 얼굴을 그려 넣었다. 빨간색으로 한쪽에는 눈을 찡그리고 입꼬리가 내려간 얼굴을 그렸고, 다른 한쪽 얼굴에는 감은 두 눈에서 눈물이 두 방울씩 뚝뚝 떨어지고 우는 입 모양을 그렸다.

"이제 쭈쭈하고 안녕, 해야 한대. 네가 너무 오래 먹어서 쭈쭈가 힘든가 봐."

이 그림을 한 번 보여주고 아기를 이해시켰다. 워낙 고집이 강한 아이라서 무슨 이런 걸로 과연 단유에 성공할 수 있을까 싶었지만 정말 효과 만점이었다.

그림을 보여준 그날 저녁부터 다음 날 저녁까지 아이가 젖을 찾긴
했지만 금세 포기했다.

"안 먹어. 아야 호!"

아이는 내 가슴으로 다가오다가도 스스로 손을 내저었다.

단유 3일째. 유축기로 계속 젖을 빼내고 젖이 또 불까 봐 집에 있
는 항생제 한 알을 먹은 후 모유량을 줄여준다는 식혜와 홍삼을 먹
었다. 아이는 젖을 찾다가도 "엄마 아야해." 하며 먹지는 않았다. 그
런데 자꾸만 내 팔다리를 혀로 날름거렸다. 젖을 못 먹는 허전함을
스킨십으로 풀었다.

단유 6일째, 아이는 젖을 보고도 만지기만 했다. 21개월 만에 원
피스를 입고 아기와 외출하는 데 성공했다. 단유를 해도 너무 매몰
차게 젖을 끊지는 말고 아이가 원할 때 간식처럼 주라는 말도 있어
서 천천히 하자고 마음먹은 게 21개월까지 걸린 셈이다. 수유를 하
는 동안에는 젖을 먹여야 하니 풍덩한 티셔츠에 바지만 입고 다녔
다. 예쁜 원피스는 꿈도 꾸지 못했는데 드디어 소원을 이루었다.

단유를 하고 나서는 아이의 낮잠을 재우기가 힘들었다. 항상 그러
지는 않았지만 아이는 2시간 반 동안 졸려 하는데도 계속 칭얼대며
엄청나게 울었다가 놀았다가를 반복했다.

아이가 하도 칭얼거리는 통에 젖을 보여주기만 하려고 수유복을
입었더니 아이는 무지 반가워하면서 내 가슴을 쓰다듬었다. 그래도
입부터 내밀어 빨려고 달려들지는 않고 살짝 뽀뽀만 하고는 "아파."
하면서 제 입을 뗐다. 내 가슴을 톡톡 치면서 입을 하마처럼 '아' 벌

려서 물려는 시늉을 하면서도 진짜 빨려고 하지는 않았다.

내가 예상했던 것보다 아이는 감정 조절 능력이 뛰어났던 것이다. 그동안 아이가 놀라거나 화날 때면 내 가슴을 찾고 의지해서 제 감정을 좀처럼 조절하지 못하는 줄 알았는데 다행이었다. 고마운 우리 아이.

태어나서 처음으로 먹는 엄마의 모유, 아이에게는 첫 식사이자 첫사랑이다. 엄마의 가슴과 이별하는 것은 아이에게 어려운 일이므로 더 뜨거운 가슴으로 아이를 안아 달래야 한다.

모든 이별에 후유증이 따르듯이 아이도 단유를 하며 후유증을 앓았다. 단유 이후 아이에게는 내 팔꿈치를 만지는 버릇이 생겼다. 팔꿈치의 말랑말랑한 촉감이 가슴과 비슷해서 안도감을 주는 것 같았다. 아이는 불안해도, 기분이 좋아도 툭하면 내 팔꿈치를 만진다. 자기 식으로 '팔꿈치' 노래까지 부른다.

"엄마 팔꿈치! 치! 치! 엄마 팔꿈치 좋아."

지금도 아이는 잠자리에서 꼭 엄마 팔꿈치를 만져야만 잠들고, 잠결에 아빠 팔꿈치라도 대주면 단박에 알아채고는 신경질을 부린다. 21개월부터 60개월이 넘도록 아이의 팔꿈치 사랑은 계속되고 있다.

이유식부터 끝없이 반복되는
아이 밥과의 전쟁

매일 아이와 부딪쳤던 것은 '밥 먹이기'였다.

쌀미음부터 브로콜리죽까지 무엇이든 잘 먹던 아이가 어느 순간 갑자기 입을 벌리지 않고 고개만 자꾸 돌렸다. 아이가 잘 먹지 않을 때는 하루 종일 굶겨보라기에 정말 먹이지 않았지만 배고파하지 않았다.

그야말로 전쟁 같은 하루였다. 육아는 전투라는 말이 절실히 느껴졌다. 기차와 비행기 소리를 흉내 내어 장난치며 먹이는 법도 써봤지만 아이는 웃기만 할 뿐 입을 열지 않은 채 굳게 닫고만 있었다. 제발 한 입만 먹어달라고 애걸복걸하고, 답답한 마음에 속이 터져 우는 시늉까지 했지만 아이는 고집불통이었다.

별것도 아닌 일로 힘들어한다고들 하겠지만, 이유식을 먹지 않는 아이를 보고 있으면 건강을 해칠까 몹시 걱정된다. 심한 경우에는 아이가 저혈당 증세로 응급실까지 가기도 한다고 들었다. 아이가 영양을 부실하게 섭취하면 크게 아플 수 있다는 말에 겁이 났다.

얼마 전, 아주대 정신의학과 조선미 교수님의 강연에 다녀왔다. 강연이 끝나고 질문 시간에 한 엄마가 "아이가 밥을 잘 안 먹어요. 배고프다고 밥 달라고 할 때까지 아이를 굶겨야 하나요?"라고 물었다. 내가 물어보고 싶은 질문이었다. TV 육아 프로그램에서는 대부분 배고플 때가 되면 아이가 알아서 먹으니 놔두라고 조언했지만, 교수님은 의외의 답을 주셨다. "배고프다, 밥 달라는 말은 어른도 잘 하지 않잖아요. 어디 남편이 집에 와서 밥을 달라고 잘 말하나요? 끼니를 챙기는 건 아이의 건강과 직결되기 때문에 어른이 나서서 꼭 도와줘야 할 부분이에요."

그런 말을 들으니 아이에 대한 책임감이 더 커졌고, 아이의 건강을 지키기 위해서 삼시 세끼를 꼭 챙겨주려고 했다. 하지만 아이는 밥에는 통 관심이 없었다.

아이가 밥은 먹지 않고 장난만 치니 옷은 번번이 엉망이 되었고 새 옷으로 갈아입혀야 했다. 결국 나는 속에서 열이 나는 걸 참지 못하고 폭발했다. 아이를 이유식 의자에서 빼내서 옷을 갈아입히면서 거칠게 아이 손을 소매에 넣었다.

"먹어야 살지!"

괴물같이 호통을 치는 엄마를 보면서 아이는 울음을 터뜨렸고 무서워서 오줌까지 쌌다. 겁먹은 아이를 보며 마음이 아팠지만 당시에는 나도 화나는 감정을 주체하지 못해 아이를 달랠 생각도 하지 않고 팔짱을 낀 채 씩씩거렸다. 더 강한 방법을 써야 하나 싶어서 밥을 먹지 않으면 장난감을 다 치우겠다고, 아이에게 식탁 의자에 앉으라고 경고까지 했지만 요리조리 피해만 다녔다.

　내가 아무리 화를 내도 상황은 변하지 않고 그대로였다. 오히려 억지로 먹다가 뱉어내는 아이를 보면서 이건 아니다 싶었다. 먹고 살기 전에 아이나 나나 화병으로 죽을 판이었다. 소리 지를 기력도 없어서 우울증이 있는 사람처럼 방에서 혼자 울다 보니 나는 쓰고 싶지 않은 방법까지 써야 했다.

　TV 만화의 힘을 빌렸다. 전문가들이 가장 피하라고 했던 방법으로, 밥상머리 교육의 완전한 실패를 인정하는 꼴이었지만, 내 상황에서는 그게 나도 살고 아이도 사는 길이었다.

　왜 이렇게 어긋났을까. 처음에는 아이가 물만 잘 마셔도 예쁘고, 밥만 한 숟갈 씹어도 예쁜데 그 기억들은 다 어디로 날아가고 미움만 남은 걸까.

　그러다가 다시 잘해보고 싶은 마음에 아이를 식탁 앞에 제대로 앉히고 김이나 과일, 요구르트나 과자로 구슬려도 보았다. TV 육아 프로그램에서 나온 방법들 중에서 음식 재료로 아이의 흥미를 유발하거나 알록달록하게 먹고 싶도록 만들어줘도 아이는 내 마음처럼 따라주지 않고 자꾸 자리를 박차고 일어섰다. 밥에 관한 동화책을 잔뜩 사서 보여주며 밥으로 유도해도 안 먹혔다.

　나는 기다려주지 못했다. 또다시 TV 앞에서 밥을 먹였다. 시도하고 실패하기를 계속 반복하다 보니 거의 포기 단계였지만 아이가 만화를 보면서도 먹지 않을 때는 더 울화통이 터졌다.

♡ 우리에게 맞는 목표는 우선 행복하게 잘 먹기

사실 다들 권하는 밥상머리 교육을 꼭 잘해주고 싶었다. 아이의 정서에 좋은 것은 물론 자존감까지 높일 수 있다는데 어느 부모가 하고 싶지 않겠는가. 하지만 나에게는 너무나 높은 목표였다.

다른 아이들은 스스로 숟가락질도 잘하고, TV를 보지 않고도 잘 만 먹는데 내 아이만 왜 그럴까 속상했다. 아이도 슬슬 내 눈치를 보면서 맛있게 먹지 못하는 것 같았다. 무리한 목표는 좌절과 우울만 안겨준다. 남들은 저 높이까지 가고 있는데 왜 나는 이만큼밖에 못 하지. 나 자신을 한없이 낮췄다.

"제발 다 먹을 때까지 일어나지 말고 있어."

이 말만 반복하면서 나는 지금 이게 뭐 하는 짓인가 싶었다. 하지만 내 아이에게 이것은 굉장히 어려운 문제이다.

그래서 당장의 내 일시적 목표는 그저 아이가 먹는 것. 밥상에서 교육은 하지 않는 것으로 정했다. 아직 힘들 뿐이지, 아이가 스스로 밥을 먹는 날까지 기다려줘야겠다고 다짐하며 내 조급함을 누르려 애썼다. 아이가 정해진 규칙을 따르면 좋겠지만 그 틀을 너무 강요하다가 아이만 잡도리하게 생겼다고 판단했기 때문이다.

나도 아이도 즐겁게 먹을 방법을 찾아봤다. 그래서 도대체 언제쯤 아이의 식습관 교육에 성공할 수 있을지는 모르겠지만 장난감을 가지고 놀건, 만화를 보건 아이가 하고 싶은 걸 하면서 즐겁게 식사하는 것으로 만족하기로 했다.

나도 내가 보고 싶은 책이나 만화를 보기 시작했다. 정말 말도 안 되는 방법이었지만, 그 이후에 우리의 식사 시간은 썩 괜찮았다.

♡ 아이의 식사 스타일을 이용하라

　그렇게 밥을 먹는 동안 아무 대화 없이 서로 다른 것만 보는 건 아니다. 아이가 만화를 보거나 장난감을 가지고 놀면 그걸 이용했다. "악당을 물리쳐야 하는데 주인공이 배가 고파서 힘이 없대. 힘이 세져야 하니까 한 숟가락 먹자." 하며 밥을 먹여줬다. 아이가 내가 보는 만화나 책에 관심을 가지면 그것에 대답해주기도 했다.

　식사에 집중하지 않고 TV를 보며 먹으면 아이가 뭘 먹는지도 모를 것이라는 우려 섞인 조언들로 인해 불안해지기도 했지만, 그리고 남들이 보기에는 엉터리 식사 시간으로 올바른 식습관을 만들어주는 데 실패한 밥상머리 교육일지라도, 우리 식탁은 그렇게 잠시 평화로웠다.

　아이는 밥을 먹어야 할 시간에 TV를 보지는 않아도 장난감을 가지고 놀 때가 많았다. 아이가 놀이에 집중할 때는 식탁에 앉으라고 강요하지 않고 그 옆에 앉아 장난감 놀이를 하며 식사했다. 이대로 정말 괜찮을까 몹시 걱정스러웠지만, 아이가 원하는 대로 따라주기로 한 것이다. 최소한 영상을 보지 않고, 좋아하는 장난감을 가지고 놀면서 밥을 먹는 정도까지는 이끌어내지 않았는가. 또한 짧은 시간이지만 아이는 간혹 식탁에 앉아서 스스로 숟가락질을 해서 먹으려 하기도 했다.

♡ 목표는 낮추되 포기하지는 말기

아이의 식습관을 바르게 형성해주는 것은 너무나 중요한 일이기에 여전히 밥상머리 교육을 하려고 계속 시도는 했다. 가족들이 다 같이 앉아서 먹음직스런 음식이 있다며 어서 식탁으로 오라고 손짓하기도 하고, 장난감을 흔들어대기도 했다.

그러다가 46개월, 오랜만에 전쟁을 치렀다. 영상을 보지 말고 먹자고 하자 아이는 울음부터 터뜨렸다. 절충안으로 만화를 10분만 보고 나서 먹자고 제안했다. 그렇게 정해진 시간이 지난 후에 껐는데도 아이는 자지러졌다.

"나 아직 마음의 준비가 안 됐어."

아이는 울먹이며 만화를 더 보고 싶다고 멋대로 굴었다. 아이는 약속도 지키지 않았다.

1시간 남짓 치열한 사투를 벌이면서 아이는 울다 지쳐서 잠들기 직전까지 갔고, 그때서야 아이를 흔들어 깨워 만화를 보며 먹였다. 이번에도 나의 패배였다. 이런 허용들이 모든 생활에서 아이의 자제력을 잃게 만드는 건 아닐까 걱정스러워 또 목구멍까지 불안감이 차올랐지만, 다시 도전할 때는 승리하리라는 희망의 끈을 놓지 않겠다고 마음을 다졌다. 아이도 준비할 시간이 필요하니 내가 한발 물러났다.

♡ 마의 작심삼일을 넘겨보자

다음 날, 나는 패배할 것을 각오하고 또다시 도전했다.

"선생님 왜 그래요?"

아이가 갑자기 나를 선생님이라고 부를 때가 있다. 유치원에 다니면서부터 내가 규칙을 알려주거나 뭔가를 제한하려 할 때 아이는 선생님이라는 호칭을 쓴다. 규칙 없이 마구 풀어 키우던 자유방임주의자 엄마가 이렇게 바뀌니 어색해했다. '방임'이 아이에게 좋은 영향만 주지는 않기에 서서히 제한을 두었던 것이다.

다행히 아이는 어제와 달리 심하게 울지 않았고, 찡찡대는 수준이었다. 불과 이틀째였는데 단 한 번도 스마트폰과 만화를 보지 않았다. 기적 같은 하루였다.

아이는 버티고 버티다가 배고팠는지 자기 혼자 아이스크림 하나를 까먹었다. 그러더니 나중에는 식탁에 앉아서 햄 세 조각과 체리, 밥 두 숟가락을 먹었는데 이것만 해도 성공적이었다. 이후 놀이터에서 놀다가 주먹밥과 카레를 사 먹었는데 조금 도와줬을 뿐 모두 스스로 숟가락질을 해냈다. 영상을 보여달라고 조금씩 조르긴 했지만 안 된다고 나중에 보자고 하니 순순히 체념했다.

내게는 오지 않을 것 같은 날이 오다니! 아직 섣불리 승리라고 외치기에는 이르다. 아이가 언제 또 돌변해서 변덕을 부릴지 모르니까. 아이에 관해서는 뭐든 장담할 수 없다.

셋째 날에는 아이가 일어나자마자 거미를 보고 싶어 했다. 밥을 먹고 나서 거미를 보자고 했더니 아이는 그럼 케이크를 달라고 졸랐다. 그래서 카스텔라를 주니 아이는 식탁 앞에 잘 앉아서 만족할 만큼 빵을 먹고는 밥 앞에서는 절레절레 흔들었다. 그래도 밥 먹기 전에 했던 놀이에 대해서도 이야기하고 아이가 좋아하는 상어와 토네이도 이야기도 해주며 숟가락을 들이미니 아이는 입을 벌리고 한 그릇을 뚝딱했다! 그러고 나서도 거미를 너무 보고 싶어 해서 다 먹은 후에 곤충 다큐멘터리를 보여줬다.

♡ 식탁은 만화보다 즐거운 호기심 천국

영상 없이 밥에만 집중하자는 밥상머리 규칙을 그런대로 잘 지켜가고 있었는데 생각지도 못한 복병을 만났다.

아이가 심하게 장염을 앓아서 병원에 입원하는 바람에 일주일간 유치원에 가지 못했다. 그동안 아이 스스로 밥을 떠먹게 하는 것도 무리였고, 다시 원점으로 돌아왔다. 그래도 장난감을 가지고 놀려 할 때 조건을 걸어서 숟가락질을 하도록 유도하고, 좋아하는 캐릭터 숟가락이나 장난감을 가질 수 있다는 얕은 수작을 부리니 아이는 솔깃한지 매번은 아니지만 영상 없이도 밥을 먹었다.

아이에게 무조건 "이건 보면 안 돼."라고 강요만 하지 말고 설명을 해줘야 한다.

"엄마도 공부해봤는데 이걸 보면 생각하는 힘이 없어진대."

아이가 밥을 먹을 때도 생각 없이 TV 영상만 쳐다보는 걸 막기 위해 장난감이나 아이가 좋아하는 꽃을 가지고 놀게 하거나 노래를 틀어주어 식사가 즐겁다는 인식을 심어줬다. 만화를 보는 것보다 더 재미있게 만들어줘야 한다니 정말 어려운 일이다.

아이를 식탁에 앉히는 데 성공한다면 그 이후에는 식사는 즐거운 일이라는 인식을 하도록 부모가 말로 계속 표현해준다.

"우리 조용히 대화하면서 먹으니 참 좋다."

이처럼 밥을 먹는 데 집중하면 어떤 점들이 좋은지도 이야기하면서 아이에게 식사 시간이 만화 보는 시간만큼 재미있다는 것을 느끼도록 한다.

하루는 아이가 유치원 안내지에 그려진 당근을 보고는 직접 먹어보겠다고 했다. 아이는 새로운 것을 알아가는 데 흥미를 느끼니 먹을 때 이런 정보들을 알려주면 좋다.

"이건 당근인데 눈에 좋대."

음식 사진과 그 정보가 쓰인 종이를 보여주니 아이는 스스로 먹어보려고 시도했다. 어릴 때부터 음식에 관한 동화책이나 식습관 동영상을 이용해 밥 먹는 즐거움을 알려주려고 애쓴 성과이기도 하다. 다행히 아이가 밥 먹는 시간을 싫어하지는 않는다.

"엄마, 일어나서 밥 먹자!"

아이는 아침에 나보다 먼저 일어나면 아이표 알람으로 의젓하게도 나를 흔들어 깨운다. 내가 '밥'이라고 하면 벌떡 일어나니 빨리 일어나도록 아이가 잔머리를 굴리는 것이기도 하지만…….

2학기가 되자 유치원 선생님에게서 전화가 왔다. 요즘 아이가 밥을 먹는 중간에 자꾸만 놀고 싶어 하는데 잘 앉아 있는 습관을 들여야 할 것 같다는 것이었다. 그 통화를 할 때 아이도 옆에 같이 있어서 선생님하고 식사 규칙을 잘 지키기로 약속했다.

그래도 유치원 식사 시간에 자꾸 먹다가 돌아다니기를 반복해서 진득하게 밥을 다 먹은 후 움직이자고 거듭 약속하고, 영상을 보지 않고 스스로 숟가락질하는 연습을 매일 하고 있다.

"우리 밥 다 먹고 놀자. 그래야 선생님도 행복하게 식사하실 수 있잖아."

선생님과 행복하게 밥을 먹으면 더 맛있을 거라고 계속 격려해주니 몇 번 엉덩이를 들썩이기도 하고 장난감을 만지고 오긴 하지만, 선생님을 기쁘게 해주겠다면서 아이 나름으로는 진지하게 연습에 임한다.

TV 육아 프로그램에서처럼 아이가 금방 변할 수는 없을 것이다.

뚝딱하며 변신하는 만능 로봇이 아니기에.

아이도 언젠가는 내 바람대로 따라주리라 믿는다. 모유 수유 때도 3개월을 먹지 않아 포기할 때쯤 아이는 젖을 먹어줬다. 지금도 그때처럼 기다림의 시간이 필요하다. 3개월보다 시간이 몇 배나 더 걸려서 내 인내심이 바닥을 칠 때가 수천 번이었고, 앞으로 수만 번은 더 쳐야 하겠지만.

아이가 스스로 식탁 앞에 앉아 숟가락도 젓가락도 잘 사용하여 의젓하게 식사하는 순간, 아이와 마주 앉아 즐겁게 밥을 먹을 수 있는 순간, 그런 때가 부디 오기까지 긴긴 기다림이 필요할 테니 더 화내지 않고 즐겁게 기다려보려고 한다.

잠 못 드는 아이에게
꿀잠을

　밤낮이 바뀐 아기 때문에 잠 못 드는 엄마가 많다. 해가 고요히 저물고 잠자리에 평화롭게 들 시간, 엄마와 아기의 전쟁이 일어난다.

　밤이면 밤마다 아이와 벌이는 잠과의 전쟁! 수면은 아이뿐만 아니라 엄마의 문제이기도 하다. 엄마는 잠이 쏟아지고 눈이 감기는데 아이는 전혀 잠잘 기미 없이 놀자고 졸라대면 그만큼 괴로운 고문도 없다.

　수면에도 교육이 필요하다고 배웠기에 실천하려고 노력했고, 우리는 잘될 거라는 자만심도 넘쳤다. 일하는 동안 육아 전문가들의 조언을 듣고 육아서를 읽으면서 수면 교육 방법을 수없이 봐왔기에 '이 쉬운 걸 왜 못 하지?'라고 우습게 여겼다.

　막상 내 문제가 되고 보니 결코 쉬운 일이 아니었다.

　갓 태어난 아기들은 거의 대부분의 시간을 잔다고 들었다. 다른 신생아들은 10시간이 넘도록 꿀잠을 잔다는데 내 아이는 유독 잠이 없었다. 이상하게 쪽잠 수준이었다. 아기가 잠을 자야 하는데 나만 잠이 늘고 있었다.

"제발 밤에는 자자. 엄마 좀 살려주라."

새벽에도 말똥말똥 눈을 뜨고 있는 아기에게 수없이 부탁했다. 낮잠은 푹 자야 고작 40분. 새벽에도 안아줘야만 잤다. 신생아가 이렇게 자지 않아도 건강상 문제가 없는 건지 애가 탔다.

수면 교육을 한다고 불을 끄고 버텨봤다. 조명을 어둡게 하자 아이는 새벽 1시부터 거의 30분간 울어대다가 얼굴이 새파래지면서 분노 발작까지 했다. 아이가 너무 울면 뇌에 스트레스 호르몬이 분비되어 문제가 생길 수도 있다고 해서 심장이 철렁하는 순간이었다. 억지로 재우는 건 그만둬야 했다.

사실 아이가 3개월 때까지는 푹 잘 자긴 했다. 다만 낮에 실컷 자고 밤에 깨는 통에 아예 밤낮이 바뀌어서 집안 식구들의 스트레스가 심했다. 날이 갈수록 더해지자 아이를 재우는 방법으로 가족과 부딪쳤다. 나는 자연스럽게 재우려고 하고, 남편은 억지로라도 재우려고 했다. 아이가 엉엉 우는데도 같이 누워 안아서 재우겠다고 고집 피우는 남편을 보면 속상했다. 수면은 교육하는 것이라지만 정서상 좋지 않아 보였다.

아침 8시가 되어서도 말똥말똥한 아기. 가족들이 밤잠을 쪼개어 돌아가면서 아이를 돌봤다. 이런 고생 끝에 비록 손가락으로 꼽을 정도로 드물지만 밤에 잘 자는 날도 있었다. 다만 안아야만 잤다.

그러고 나서야 아이가 등을 붙이고 누워 있는 시간을 서서히 늘려 갔다.

아이의 수면 습관이 이제 겨우 자리를 잡아간다 싶었는데 엉금엉 금 기어 다니던 아이가 걸음마를 떼게 됐고 그에 따른 변화가 다시 필요했다. 그동안에는 자장가를 들려주고 불을 끄면 통했는데, 아이 가 좀 크자 전등을 끄기라도 하면 자기가 까치발을 세워서는 도로 켜는 통에 전략을 바꿨다. 방 전등은 끄는 대신 예쁜 수면등이나 베 란다 불이라도 켜고 자는 것으로 아이와 절충하면서 수면 교육을 포 기하지 않았다. 나는 뭐든 육아에 대해서는 성공하기까지 너무도 오 랜 시간이 걸리는 것 같다. 아이의 습관을 체계적으로 잡아준다는 건 정말 어려운 일이다.

아이는 유치원에 다니면서야 겨우 잘 잤다. 아직도 완벽하지는 않 다. 밤 8시가 될 때까지 놀이터에서 뛰어놀고 들어와도 11시쯤에야 겨우 잠들 때가 많다. 아파서 일주일간 유치원을 쉬고 난 후에는 그 런 패턴마저 깨져버려 낮잠을 2시간 자고 일어나서는 새벽 2시 반까 지 잠들기 어려워했다. 그러나 "잠잘 수 있어." 하며 아이도 억지로 눈을 질끈 감고 노력하는 모습을 보니 처음에 놀고 싶어서 도망 다 녔던 아기 때와 비교하면 정말 엄청난 성장이다.

잠 못 드는 아이와 그런 아이를 재우느라 지칠 대로 지친 엄마를 위한 비법은 바로 체계적인 수면 교육이다. EBS에서 일하면서 소아 과 전문의인 하정훈 선생님에게 배운 다음 방법을 나는 알면서도 쉽 게 성공하지 못했지만 부디 해내길 바란다.

♡ 아이의 수면 교육은 2개월부터 시작하라

신생아가 자라는 환경은 밤에는 어둡게, 낮에는 밝게 조성한다. 아기가 태어난 지 6주 정도인 2개월부터 수면 습관을 들이는데 4개월 무렵까지 수면 패턴을 완성해야 한다. 9개월이 되면 아이가 밤새 먹지 않고 잠잘 수 있다.

♡ 날마다 일정한 시각에 재워라

처음 몇 주는 잘되지 않는다. 수면 교육 3원칙은 첫째, 9시 전후에 재운다. 둘째, 수면 시각을 정확히 정한다. 셋째, 아이의 잠을 방해하는 장난감을 싹 치워야 한다. 대개 노는 재미에 푹 빠져 잠자는 시간을 놓치기 일쑤이기 때문이다. 이때 아이가 장난감을 정돈할 수 있는 월령이라면 스스로 치우도록 하는 편이 더욱 좋다. 잠보다 더욱 재미있는 것들이 보이면 아이가 잠에 집중할 수 없다는 것을 잊지 말자.

♡ 아이가 먹는 것도 꿀잠에 영향을 준다

아이들은 배가 고프면 깊은 잠을 자지 않는다. 가벼운 간식으로 적당한 포만감을 줘서 아이의 잠을 유도하는데, 다만 카페인이 들어 있는 식품은 오히려 숙면을 방해하니 피해야 한다.

♡ 잘 준비를 해야 할 시각이라는 신호가 필요하다

아이가 잠자기 전에 양치질은 필수이다. 간단한 족욕이나 샤워도 아이의 몸과 마음을 이완시킨다. 아이에게 잠잘 시각이라는 신호를 보내는 또 다른 방법은 잠잘 때 입는 잠옷을 따로 정해주는 것이다. '이 옷을 입으면 잘 시각이구나.' 하고 아이가 잠잘 마음의 준비를 하게 된다.

♡ 잠자리 분위기를 만들어라

잠자리도 중요하다. 아이가 다른 방에서 잠들더라도 늘 자던 침실로 옮겨 재워야 한다. 수면 2시간 전부터는 집 안의 조도를 낮춰 안정된 분위기로 바꿔준다. 아이가 어둠을 무서워하면 약한 조명을 이용하여 푹 잘 수 있도록 돕는다. 30룩스 이하의 어두운 조명을 사용하되 아이에게 너무 가까이 두어서는 안 된다.

♡ 수면 의식을 매일, 꾸준히 반복하라

잠자리 동화책 읽기는 엄마 목소리로 들려주는 따뜻한 이야기로 아이에게 안정감과 애착을 선사한다. 하지만 이때 책의 가짓수는 한두 권으로 제한한다. 잠자기 전 하는 작은 행동 하나하나만 바꿔도 아이가 숙면을 취할 수 있다. 등을 대고 재우는 연습을 차차 해야 하고, 매일 15분 같은 수면 의식을 반복해야 한다.

내 아이는 유치원에 들어가기 전까지는 〈잘 자라 우리 아가〉 노래를 들으며 자는 걸 좋아했다. 매일 들은 건 아니고 기분이 내킬 때 틀어달라고 졸랐다. 내가 직접 노래를 불러주려고 하면 오디오로 듣는 게 더 좋다고 해서 서운했지만, 내가 음치이기도 하고 아이가 반복해 노래를 듣고 싶어 하니 직접 불러주기에는 무리였다. 노래를 틀면 스스로 "눈 꼭 감아." 하고는 30번쯤 듣다가 "이제 됐어, 꺼."라고 하곤 잤다.

초등학생은 10시간, 중학생은 9시간 반은 자야 한다고 한다. 많이 잘수록 두뇌가 발달하고 키도 자란다. 질병이나 다른 이유로 아이가 수면을 방해받는지 세심하게 살펴야 하는데, 감기에만 걸려도 잠을 잘 자기가 어렵기 때문이다. 하지만 수면 교육이 잘되어 있으면 질병이나 환경 변화 등을 쉽게 극복한다.

늦게 자는 것도 아이의 성장을 방해하는데 성장 호르몬은 잠든 후 1~2시간이 지나야 나온다. 수면 시각은 9시 정도가 좋고, 최소 10시 전에는 자야 건강을 해치지 않는다.

아이가 유치원에 가기 전까지는 언제 자건 푹 자면 됐으므로 이 시간대를 지키지 않아도 평균 키에 맞춰서 잘 성장하고 건강에도 큰 염려가 없었다. 이젠 유치원에 가니까 늦게 자면 조금밖에 잘 수 없으니 아이가 제시간에 자도록 노력하고 있다.

수면은 아이에게 맡기면 안 된다. 부모가 수면 환경을 제공하고 잘 자는 습관을 형성해줘야 한다. 잠 못 드는 아이를 잠 잘 자는 아이로 만들려면 작은 생활 습관을 하나씩 바꾸는 것부터 시작해야 한다.

쉬통에만 싸려는
아이

생후 5개월부터 할머니가 배변 훈련을 잘 시켜주셨다. 그 덕분에 아이는 소변 보는 때를 맞춰서 서너 시간마다 쉬통(휴대용 소변기)을 대주면 싸는 습관을 들였다. 거부감 없이 쉬통에 쉬하고, 뿡뿡이 변기에 앉아 응가도 잘 쌀 수 있었다.

처음에는 배변 훈련도 너무 일찍 하면 정서적으로 좋지 않다고 해서 그냥 기저귀에 싸도록 두는 편이 나을 것 같았다. 나는 걱정이 많았지만 할머니의 정성으로 아이가 스트레스 없이 기저귀를 여느 아이들보다 일찍 뗐다. 외출할 때와 잘 때는 기저귀를 채우려고 해도 기저귀 없는 편안함을 맛본지라 불편하다며 차려 들지 않았다.

배변 훈련을 워낙 똑소리 나게 잘해서 아무런 걱정이 없었다. 그런데 아이가 유치원에 가기 전에 남아용 소변기를 사서 연습했는데, 처음에는 소변기가 신기한지 서서 볼일을 잘 보다가 어느 순간부터는 쉬통만 고집했다. 아예 소변기에 싸기를 싫어하고 소변기 옆에 싸버렸다. 한두 달 반항이 심해서 소변기를 강요하지 않고, 아이가 원하는 곳에 볼일을 보도록 두었다. 그리고 아주 급한 순간이면 얼떨결에 개구리 소변기를 마주하게 하니 무리 없이 소변을 보았다. 그러지 않고 쉬통에 오줌을 눌 때는 항상 이렇게 말해줬다.

"우리 다음에는 개구리 소변기에 싸자. 그동안 네가 안 와서 서운하대."

이렇게 계속 유도했지만 아이는 46개월일 때도 아직 마음의 준비가 필요한 것 같았다. 아이도 자신에게 익숙한 것이 편하게 느껴질 테니 너무 서두르지 않으려고 애썼다. 오랜 기간 외출할 때나 배변 훈련을 할 때나 쉬통을 이용해서 하루아침에 바꾸기는 무리였다.

소변기를 이용하길 권하고 쉬통을 대주지 않자 아이는 "엄마, 나는 쉬통이 좋아!" 하며 직접 쉬통을 들고 싸면서 소변기에 오줌을 누기를 싫어했다. 두 달 정도 지나니까 이제 어른 변기에서 소변을 보는 데도 성공했다. 쉬통이나 유아용 소변기를 찾지 않고 어른 변기에 싸는 데 익숙해지고 있다.

응가는 아주 어릴 때부터 어른 변기에 유아 변기를 끼워서 잘 쌌는데, 매번 내가 아이의 양손을 꼬옥 잡아줘야 했다. 내가 없을 때는 할머니가 대신해줘도 괜찮았지만, 내가 있을 때면 아이는 꼭 나에게만 응가를 도와달라 하고 화장실 주변에 누군가가 다가오는 것을 정말 싫어했다.

"저리 가!"

다른 가족들이 다가오려는 낌새만 보여도 손을 휘두르며 질색했다. 그래도 요즘은 양손 잡기를 조금은 덜 하려고 한다.

"나 엄마 손 안 잡고도 쌀 수 있다!"

아이는 자기 스스로가 대견스러운지 양손을 들어 보이며 자랑을 한다. 그런 습관들이 차차 사라지고 아이 혼자서도 잘할 수 있는 날 이 머지않아 보인다.

가끔 아이가 장난을 치며 일부러 오줌을 바닥에 싸기도 한다. 아 이는 자신이 화가 날 때 '엄마 골탕 좀 먹어봐라.' 하는 심정으로 그 러는데, 이 또한 지나가는 과정이리라 생각하고 크게 반응하지 않 으려 애쓴다. 아이와 눈을 맞추며 잘못된 행동임을 알려주고 다시 는 그러지 않겠다는 약속을 매번 받지만 아이가 그 말을 마음에 새 기지는 않는 것 같다. 침대나 이불 위에 장난치지 않는 게 다행이라 고 여긴다.

팬티 입기
싫어요!

유치원에 가기 전까지 아이는 팬티 입는 것을 싫어해서 매일 '노팬티'로 다녔다. 더 어렸을 때부터 팬티 입는 습관을 들여야 했는데 '아직 아이인데 뭐 어때.' 하고 넘어간 게 잘못이었다. 어떨 때는 그냥 군말 없이 팬티를 입기도 했지만 거의 대부분은 안 입겠다고 울고불고 소리를 질렀다.

"팬티 싫어. 불편해!"

심한 날에는 유치원 버스를 기다리면서도 팬티를 벗겨달라고 서럽게 울어대서 결국 길거리에서 벗기고 등원시켜야 했다.

"아이들이 이유 없이 그러지는 않더라구요."

이런 내 모습을 지켜보던 엄마들이 조언을 해주었다. 아이가 팬티를 싫어하는 데는 이유가 있을 거라고. 어차피 나이가 들면 팬티를 안 입은 게 얼마나 창피하고 불편한 일인지 깨달을 테니 억지로 입히지 말라고 했다.

그리고 일단 삼각팬티를 싫어하는 경우가 있으니 사각팬티를 사보라고 했다. 그 말을 듣고 나니 '아차' 싶었다. 어른들 중에도 삼각 팬티를 불편해하는 사람이 있고, 아이가 친근감을 느낄 수 있는 캐릭터가 그려진 팬티를 사주는 등 여러 방안을 살필 수 있었다. 나는 팬티를 입으라고만 다그쳤지, 미처 아이를 위한 다른 방안을 고민하지 못했다.

아이의 입장과 취향을 존중하지 않은 엄마의 판단 부족이었다. 아이의 괜한 투정이라 치부한 걸 후회한다. 그동안 내가 아이를 믿지 않고 뭐든 내 잣대로 무조건 강요한 건 아닐까 돌아보니 그런 일이 많았다.

요사이 아이가 유치원이 끝나고 집에 돌아오도록 소변을 잔뜩 참는 것이었다.

"오줌을 왜 참았어? 선생님 화장실 가고 싶어요, 했어야지."

"괜찮아. 집에 금방 오니까. 엄마가 해줄 거잖아."

처음으로 단체 생활을 하는 것이라 익숙하지 않으니 유치원에서 소변을 보는 데 거부감이 드나 보다 싶었다. 그런데 그 이후로도 자꾸 소변을 참기에 자꾸 그러면 몸이 아프다고 그러지 말라고 거듭 당부했다.

그러자 아이 입에서 뜻밖의 대답이 나왔다.

"나를 믿어봐."

순간 내 아이를 다시금 보게 됐다. 벌써 많이 자랐구나. 요즘 내게 가장 필요한 말이기도 했다.

아이가 유치원에서도 안심하고 편안하게 소변을 볼 수 있도록 동화책이나 상황극으로 차근차근 연습시켜야 했는데, 소변을 참으면 방광염에 걸리지 않을까 걱정되어 잔소리부터 앞섰다.

아이에게는 유치원에서 하는 모든 일이 처음이고, 나도 처음 학부모가 되었다. 당연히 처음에는 시행착오를 겪을 수밖에 없는데 그걸 이해해주지 못했다. 빨리 고치라고 달달 볶으며 믿어주지 않았다.

아이가 시작하면서 겪는 어려움을 이해해주고, 성급하게 서두르라고 재촉하지 말아야겠다. '어린 네가 뭘 아니? 제발 엄마가 시키는 대로 해.'라는 꼰대 사고는 그만둬야 한다. '잘하지 않아도 자라고 있어.'라는 말이 있듯이 아이의 느린 속도에 맞춰서 천천히 해나가다 보면 언젠가 아이는 자라 있을 것이다.

아이가 오늘 등원할 때는 사각팬티를 군말 없이 잘 입고 갔다. 언제 또 변덕을 부릴지 모르지만 일단 성공이다. 다소 늦더라도 아이가 해낼 수 있을 때까지 기다리면서 믿어주는 인내가 필요하다. 3개월여가 지난 이후 이제 삼각팬티도 거리낌 없이 잘 입는다. 아직도 유치원에서 소변을 참고 그냥 오는 일이 가끔 있지만 그것도 차차 나아지리라 믿는다.

이 닦기 전쟁,
대체 언제 이를 스스로 닦나요?

밥 먹기와 배변 훈련, 수면 습관을 들이는 것은 오랜 시간이 걸리더라도 기다려줄 수 있다. 하지만 이를 닦는 문제는 다르다. 매번 어른들이 이를 닦아줘도 아이가 발버둥을 치니 제대로 못 닦는 부분이 생겼다. 치과에 가니 벌써 치아 하나가 까맣게 줄이 가며 썩으려 한다는 진단을 받았다. 아이가 양치를 거부하는 걸 마냥 지켜볼 수만은 없는 노릇이었다. 아이의 또래 친구들 중에서는 이가 많이 썩어서 소아 치과를 갔는데 치료비가 100만 원 가까이 나왔다고도 한다. 돈은 둘째치고 아이가 겁을 먹어서 발버둥을 치면 치아를 치료하기 어렵기 때문에 마취까지 해야 한다니 걱정되는 일이다.

아이와 소통하는 데 가장 화나는 상황은 이를 닦기 싫어하며 도망을 다닐 때이다. 나의 일반적인 대응 방법은 그럴 때면 놀이를 하듯 등에 태워 '히힝' 말 울음소리를 내며 아이의 이를 닦이는 것이다. 이마저 실패하면 아이를 억지로 잡아서 닦인다. 강제로 닦이는 것은 너무 괴롭다. 아이의 힘은 상상 이상으로 세서 어른 세 사람이 아이의 팔다리와 머리를 잡는데도 아이의 몸부림을 당해내기가 어려웠다.

아기였을 때는 착하게도 잘 닦아줬는데 돌이 지나고 나자 울며불며 닦지 않으려 했다. 그때부터 아이가 치카치카에 거부감을 보이지 않도록 많은 노력을 기울였다.

🎨 양치에 관한 교육 동영상, 동화책, 사운드북 보여주기

치카치카 교육 동영상을 종류별로 보여줬다. 좋아하는 만화 주인공 폴리가 나와도 두세 번 보여줄 때만 잘 닦지 별 소용이 없었다. 이 닦기를 다루는 동화책은 10권 가까이 되는데 그중에는 아이가 조작도 할 수 있는 입체북과 사운드북까지 포함되어 있지만 책만 잘 보지 효과는 제로이다.

🎨 다양한 이 닦기 장난감이나 도구를 이용해 양치를 놀이처럼

〈뽀로로〉에 나오는 캐릭터인 크롱을 좋아해서 크롱 이 닦기 장난감을 사주니 아이는 세균을 없애겠다며 어설프지만 크롱의 이를 열심히 닦아줬다. 하지만 정작 자기 이는 닦으려 하지 않았다.

LED 타이머 투명 칫솔이 있다는 것을 알고서 아이에게 써봤지만 아무리 불빛이 번쩍이고 오리가 둥둥 떠다니는 칫솔일지라도 며칠만 반짝 효과가 있었지 별반 다르지 않고 시큰둥해졌다.

지금도 매번 실패하고 있지만 아이가 좋아하는 만화 캐릭터가 그려진 컵, 칫솔, 치약, 칫솔 커버와 칫솔로 누르면 치약이 나오는 짜개까지 사주고, 양치질 노래와 동화책을 읽어주며 이 닦기가 행복한 일이라는 걸 알려주려고 노력한다.

✺ 치과에 가서 의사 선생님의 설명 듣기

그래도 유치원에서는 아이가 어설프지만 직접 이를 닦는 시늉은 한다고 했다. 집에서는 이를 잘 닦지 않으려 해서 걱정이라고 하니 유치원 선생님이 치과에 가보라고 조언해주셨다. 아이가 부모의 말보다 의사 선생님의 말을 더 잘 들을 수도 있다는 것이었다. 그래서 집 앞 치과에 가서 의사 선생님은 물론 간호사 누나들과도 잘 닦겠다는 약속 도장을 찍었지만 아이는 손가락만 걸었을 뿐 집에 돌아와서는 도로아미타불이다.

✺ 직업 체험관에서 치과 의사 놀이하기

직업 체험관에 가서 치과 놀이를 하면서 이 닦는 법을 가르쳐주고 충치가 생겼을 때 어떻게 치료하는지 보여줬다. 아이가 신기한 치과 도구들을 보고 현미경으로 직접 관찰도 해보더니 딱 하루는 효과가 있었다.

✺ 다 같이 양치하며 아이가 이를 닦도록 격려하기

가족들이 아이 앞에서 다 같이 양치를 하면서 아이도 이를 닦고 싶도록 유도해봤는데 제 손가락으로 몇 번 닦는 시늉만 할 뿐 칫솔로는 따라 하려 하지 않았다.

　이 모든 작전이 잘 통하지 않았다. 너무 버겁다. 그냥 조용히 넘어
가주니 이를 닦지 않으려는 아이의 습성이 더 심해지는 것 같고, 혼
을 내니 반발이 심해져 조율하기가 어렵다. 아이는 원래 그렇다고
하기에는 47개월이 지나도록 여전하니 걱정스럽다. 긍정적으로 달
리 바꿔보면 만 4세도 안 되었으니 그럴 수도 있다는 건데 자꾸 성급
해지려 한다.

　유치원에서 1학기에는 치약 탐색도 하고 치카 놀이를 하면서 아
이가 스스로 양치할 수 있도록 도와주는 것 같았지만 집에서는 온갖
방법을 종류별로 다 써봐도 밥을 먹이는 일만큼 칫솔질을 가르치는
일도 전쟁 같다.

　그나마 2학기에는 유치원에서 아이가 직접 이를 잘 닦고 있고, 집
에서도 닦기 싫다며 심하게 발버둥 치지 않고 가끔은 혼자서 닦기도
한다.

　유치원 선생님은 몇 달 사이에 아이가 이 닦기에서 많이 좋아졌
고, 현재 상황에서는 격려해주는 것도 방편이라고 알려주셨다. 칭찬
해주는 것도 좋지만 격려하는 것도 효과적인 대화법이다.

　"오늘 유치원에서 혼자서도 멋지게 양치질을 잘했다면서? 집에
서도 밥 먹고 스스로 잘할 수 있어? 손가락을 움직이면 돼. 칫솔질을
잘하고 있구나."

　이런 말을 들으면 아이도 더 힘내어 할 수 있다.

아이의 이는 아이 스스로 닦고 나서도 어차피 부모가 닦아줘야 한다지만, 아이가 너무 괴로워하니까 양치에 대한 부정적인 인식만 점점 더 심해지는 듯하여 걱정스럽다.

치아가 나빠지는 것도 문제인데 아이의 정서에도 해로울 것 같아 해결책이 시급하지만 아동상담센터에 물어봐도 정답이 없다. 하루 세 번씩 치르는 치카 전쟁이 끝나고 언젠가 평화를 되찾을 날이 오길. 오늘도 아이의 치카 때문에 한숨을 쉬었지만 힘내련다.

옹알이부터
아이가 말을 트기까지

　　꼬물꼬물 작은 생명체가 손가락을 까딱거리며 움직이는 것만 봐도 신기했다. 하지만 며칠이 지나고 나자 이렇게 보기만 하고 있어도 괜찮은 건가 불안해졌다. 자꾸 뭔가를 해줘야 할 것 같은 압박감이 느껴졌다. 그래서 온 벽이며 문마다 포스터를 죄다 붙이고 책도 부지런히 읽어줬다.

　　"에고, 에구, 에그."

　　생후 3개월 때 아이가 옹알이를 하며 내 말을 따라 했다. 내가 무의식적으로 한 말을 따라 하니 민망했다. 이후 '엄, 아'와 같이 단순한 감탄사들이나 자신만의 언어를 옹알거렸다.

　　16개월쯤 아이의 언어에 정체기가 오기도 했다. 그럴 때면 '내가 잘못해서 아이의 발달이 느려지는 건가.' 불안했지만 그사이에도 아이는 쑥쑥 흡수하고 있었다. 하이파이브를 하거나 손을 내밀거나 인사를 하는 몸 언어는 계속 발전했다.

　　아이는 10개월에 첫 단어를 말했는데 '엄마, 아빠, 쏴, 어부바'였다.

16개월에는 디귿 발음을 좋아했다. '닭아, 됐다, 떴다, 다했다'를 자주 구사했고 가장 많이 말한 어휘는 '찍찍이', 그리고 장난감 자동차를 좋아해서 '부릉부릉'거렸다. 알파벳 'A'와 'LG'를 잘 찾아냈다.

17개월에는 '아냐, 안아, 실, 추워, 카톡, 일, 가, 굿바이' 등 더 많은 단어를 알아갔다. '음악 틀어, 이리 와봐, 전화 왔다, 삼촌 먹어, 하지 마 가, 폭포 가봐, 안 나와' 등 문장으로도 잘 말하기 시작한 건 23개월 무렵이었다.

내 나름의 노력을 기울여 아이의 언어 발달은 더디지 않았던 것 같다.

✿ 노래 CD로 아이의 입을 떼라

제일 쉬운 방법은 반나절은 CD로 동요를 듣는 것! 그런데 그냥 듣기만 한 게 아니라 내가 음치, 박치라서 썩 듣기 좋은 노래는 아니었지만 그래도 정성껏 불러줬다. 그러다 보니 어느 순간 아이도 따라 했다.

✿ 동물이 나오는 노래란 노래는 다 불러줘라

동요도 좋지만 리듬이 신나는 노래는 트로트든 가요든 가리지 않고 들려줬다. 이를테면 아이가 따라 하기 쉬운 한 글자 단어인 '뱀'을 알려주고 싶으면 〈뱀이다〉라는 트로트를 선곡했다.

"뱀이다. 뱀이다. 몸에 좋고 맛도 좋은 뱀이다."

이런 트로트는 귀에 쏙쏙 꽂히기 때문에 아이가 엄청 좋아한다.

뱀만 보면 손을 흔들면서 나에게 눈빛을 보내 '어서 냉큼 불러라.' 보채는 듯했다. 한창 동물에 반응할 때는 동물의 소리와 동작을 보여줬다. '곰' 하면 바로 떠오르는 〈곰 세 마리〉와 〈나비야, 악어, 개구리〉는 무한 반복 메들리로 공연해줬다.

〈10의 노래〉나 〈숫자송〉과 같이 숫자가 나오는 곡도 몇 번 불러주니 책에서 숫자만 보면 자동으로 손을 흔들며 노래해달라고 나를 바라봤다. 작은 크기의 백주(百珠)수판을 하나 샀더니 그걸 들고 와서 숫자 노래를 하루에 열 번도 더 불러달라고 해서 돌아버릴 지경에 이르기도 했다. 노래로 가르치니 확실히 아이가 말을 빨리 배우는 것 같았다.

아이가 대답하지 못할 때도 아이에게 먼저 물어보라

아이를 안아주거나 젖을 먹이거나 기저귀를 갈아줄 때마다 그냥 해주지 않고 꼭 아이에게 물어봤다.

"쭈쭈 먹을래? 주세요? 쭈쭈 먹을 사람!"

이렇게 하루 이틀 하니까 아이가 정말 대답을 하듯 "쭈쭈쭈"까지 말했다.

아이의 말문이 제대로 트이는 노하우는 무엇이든 물어본 것이었다. 아이의 시선이 닿는 곳이면 뭐든 가리켰다.

"이게 뭐야?"

아무리 물어봐도 대답이 없으니 맥이 빠지긴 한다. 그러던 어느 날, 아이가 처음으로 '악어'라고 대답하는 것을 들었을 때는 정말 감동이었다.

아이와 놀이를 할 때도 내가 임의로 정하지 않고, 아이가 대답을 하건 안 하건 아이에게 질문부터 하는 습관을 들였다.

"터널 놀이를 할래? 계단 놀이를 할래?"

밥을 먹을 때도 "먹을래? 안 먹어?" 하면서 수십 번 되풀이하니 별로 마음에 들지 않는 말이지만 '안 먹어.'를 정말 잘 따라 하고, 끼니마다 매번 그러는 통에 그 말을 가르친 걸 후회한 적도 있다.

🌱 명령하는 대신 함께하자고 말하라

잠자리에서 일어나자마자 "놀자", 이 방에서 저 방으로 이동할 때는 "가자", 뭔가를 먹을 때는 "먹자" 하며 '~하자'로 말해주는 편이 좋다. 명령어를 쓰는 것보다 아이에게 다정하게 느껴지고, 엄마가 자신과 함께한다는 유대감을 형성하는 데도 도움이 된다.

이런 방법들이 정답은 아니지만 그나마 나도 즐겁게 알려주고 아이도 말을 잘 배울 수 있었다.

아이들은 어른이 생각하는 것보다 훨씬 뛰어난 능력을 갖췄다. 신기하게도 아이는 내가 따로 가르쳐주지 않아도 제 스스로 들으면서 터득해나가는 것이 많았다. 소소한 노력을 하긴 했지만 아이를 붙잡고 이건 이렇게 말하는 것이고, 저 상황에서는 저렇게 말해야 한다고 가르친 적은 없었다. 그런데도 나와 대화를 나누는 걸 보면 정말 내 아이는 천재가 아닐까 하고 엄마 바보는 또 착각에 빠진다.

처음에는 내가 아이에게 말을 가르칠 수 있을까 걱정이 앞섰고, 혹시 아이의 말이 느릴까 봐 초조했지만 조바심을 내지 않아도 아이는 정말 빠르게 혼자서도 술술 말을 참 잘한다. 일부러 시간을 내서 "이건 이렇게 말하는 거야, 따라 해봐."라고 할 필요는 없다. 가나다라를 따로 알려주지 않아도 아이에게 말을 많이 걸고, 오늘 있었던 일에 대해 아이와 대화하다 보면 언어라는 건 걱정하지 않아도 되는 문제인 것 같다.

어른들이 무슨 이야기를 하는지 모를 것 같아도 아이는 흘려듣지 않는다. 어느 날, 할머니가 밖에서 재미있는 이야기를 들었다면서 풀어놓았다.

"배꼽 쥐게 웃었다니까."

옆에서 아이가 할머니의 이야기를 유심히 듣더니 자기 배꼽을 꽉 쥐었다.

"할머니, 왜 배꼽을 꼬집어요?"

어른들의 대화 중에서 '배꼽을 쥔다'는 표현을 아이는 '배꼽을 꼬집는다'로 잘못 알아들었고 그대로 따라 한 것이었다. 이런 귀여운 말과 행동은 좋은데 아이는 어른들이 내뱉는 비속어도 잘 흉내 낸다.

"안 좋은 말만 골라서 따라 하네."

어른들은 좋은 말은 놔두고 나쁜 말을 배우냐며 그러지 말라고 아이를 혼낸다. 하지만 아이가 무슨 고르는 능력이 있겠는가. 나쁜 말을 골라내는 능력이 있을 리 없다. 평소에 아이가 듣고 있을 때는 어른들이 특히 주의를 기울여야 한다.

육아와 스마트폰의
애증 관계

식당에서 스마트폰으로 만화를 보는 아이들을 만나면 '나는 저렇게 키우지 말아야지.' 했는데 내가 딱 그러고 있다. 아이도 염려스럽고, 한심한 엄마가 된 것 같아 마음이 불편하다. 여행하거나 외식할 경우 아이가 집중을 못 하거나 다른 사람들에게 방해될 때가 있어서 어쩔 수 없이 스마트폰을 꺼내 들게 된다. 이렇게 해도 괜찮은 건가 싶어서 아이에게 스마트폰을 보여주며 밥을 먹일 때마다 죄책감이 든다.

아예 스마트폰을 안 보는 게 제일 좋지만, 아이는 갓 태어났을 때부터 자주 접하게 됐다. 멀리 사시는 친할머니와 친할아버지의 그리움을 영상 통화로 달래드리는 데 무척 유용하게 썼기 때문이다.

사실 어른들이 항상 들고 다니는 데다가 아이의 귀여운 모습을 남기고 싶어 사진과 동영상을 자꾸만 찍다 보면 스마트폰은 항상 아이 주위를 맴돈다. 그러다 보니 아이는 자연스레 스마트폰에 호기심이 생겼고 관심을 보였다. 동영상을 볼 때 광고 스킵 버튼도 누를 줄 아는 걸 보면 아이가 영특하다 싶다가도 씁쓸해진다.

스마트폰을 무조건 보지 말라고 하기는 어려워서 적정한 시간을 정하여 조절하는 것도 아이의 성장에 도움이 되는 일이라고 비겁하게 합리화하는 중이다. 그래도 아이가 커가면서 보고 싶은 만화도 많아지고 그만큼 조그만 화면에 빠져드는 모습을 보면 시력이 나빠질까 우려스럽다. 만화는 되도록 TV 화면으로 보여주려 하고 있다.

하지만 스마트폰을 최대한 안 보여주려고 노력해도 아이가 막무가내로 스마트폰을 찾을 때가 있다. 원수 같은 스마트폰과 공생하는 방법을 찾아야 한다.

⚑ 키즈용 패드

아이가 어차피 스마트폰을 보게 된다면 유아용으로 나온 터치 패드, 일명 키즈용 패드를 사서 보여주는 것도 방법이다. 지인이 쓰던 키즈용 패드를 물려받았는데 교육용 콘텐츠가 많이 들어 있었다. 스마트폰으로는 유해 영상이 걸러지지 않는데 키즈용 패드에서는 아이의 연령에 맞는 영상이 나오고 아이의 시력에 맞게 눈부심도 적었다. 하지만 내 아이는 키즈용 패드에 별로 흥미가 없어서 한 달 정도만 잘 보았다.

⚑ 교육용 앱

사실 교육용 앱이더라도 다른 영상보다 중독성이 강하지 않을까 싶어서 아이에게 보여주지 않으려 했는데, 또래 아이를 키우는 선배 엄마가 영어 교육용 앱을 추천해줬다. 알파벳을 따라 그리는 앱과 영어 동요 앱이었다. 난생처음 앱이라는 것을 경험한 아이는 신나게 따라 그리고 보면서 흥얼거렸다. 다행히도 과하게 자꾸 보려 하지 않고 가끔 영어로 놀이를 하고 싶을 때만 본다.

대부분은 기특하게도 정해진 시간에 맞춰서 그만 보는 아이지만, 간혹 더 보여달라고 떼쓰며 아우성칠 때는 몇 시간이고 아이와 실랑이를 벌이기도 한다.

밥을 먼저 먹고 나서 만화를 보여주겠다는 나와 먹지 않고 만화만 보겠다는 아이. 울다 지친 아이를 보면 미안한 마음에 쿡쿡 속이 쑤신다.

이럴 때는 어차피 보던 것이니 그냥 좀 더 보여줄까 싶다가도 이 한 번으로 규칙이 무너지니 물러서지 말자는 마음이 팽팽하게 맞선다. 피하려야 피할 수 없는 스마트폰과 만화, 어떻게 하면 좋을까. 아이가 커갈수록 부모와 많이 부딪칠 문제이다.

영유아 문화센터 강좌,
정말 문제일까?

아이의 유치원에서 부모 소집단 모임을 가지게 됐는데 설문지의 첫 질문이 인상 깊었다.

'점점 변화하는 사회와 수많은 정보는 오히려 올바른 자녀 양육관을 정립하는 데 혼란을 가져올 때가 있습니다. 지금 현 시점에서 우리 부모에게 필요한 용기 있는 도전은 무엇이라 생각하시나요?'

공감이 가는 말이었다. 정말 혼란스러울 때가 많다. 뉴스를 보면 육아법에 대해 갖가지 정보가 쏟아진다. 이 말이 맞다 싶으면 또 저 말이 맞다고 기사 내용에 따라, 또 전문가에 따라 유아 교육법이 달랐다. 이리저리 휘둘리지 않고 일관성 있게 육아를 해야 하는데 그러기가 쉽지 않다.

가장 고민하는 부분은 아무래도 아이의 교육에 관한 것이다.

한창 아이와 문화센터 수업을 들을 즈음, 인터넷에서 어떤 메인 뉴스 기사를 보았다. 어릴 때 언어교육은 창의력을 해치고, 영유아 대상의 문화센터 수업을 들으면 큰일이 날 것 같은 느낌을 주는 내용이었다. 영유아 문화센터 강좌, 정말 문제일까?

아이와 하루 종일 지내다 보면 내가 지치고 활력이 필요할 때가 있다. 그래서 선택한 것이 문화센터 수업이었다.

사실 임신했을 때부터 다른 학원보다 싼 임산부 요가 수업을 들으며 '문센'의 길에 들어섰다. 그때 아이와 같이 손을 잡고 수업을 들으러 오는 엄마들을 보면서 참 부러웠다.

어떤 기사를 보면 전통 놀이나 오감 놀이가 아이에게 좋다고들 한다. 유명한 체육이나 음악 수업은 항상 대기자가 줄을 설 정도로 인기가 높았다. 그랬기에 나도 아이를 데리고 문화센터로 함께 놀러 갈 기대감에 들떴고, 나중에는 실천에 옮겨 아이와 함께 수업을 재미있게 들었다.

아이가 백일이 지나면서부터 월령에 맞는 오감 발달 강좌를 신청했고 '지암지암, 곤지곤지' 같은 전통 육아법을 배웠다. 이후 음악과 미술 놀이 등 여러 수업에 동참했다. 강좌가 끝나고 나면 근처 공원에서 아이와 뛰어놀면서 오늘 하루도 시간을 알차게 보냈다며 스스로에게 잘했다고 속으로 뿌듯해하곤 했다. 그런데 문화센터 수업이 아이에게 해로울 수도 있다는 기사를 보니 세게 한 대 얻어맞은 기분이었다.

'내가 정말 잘못했구나. 나는 아이에게 나쁜 짓을 하고 있었어.'

자책하다가 돌이켜보니, 분명 아이는 수업 시간에 신나게 놀며 춤추고 노래를 불렀는데 그게 왜 잘못이라는 건지 의문스러웠다. 지나치게 지식을 강요하는 수업은 문제가 되겠지만 말이다.

처음 그 기사를 봤을 때는 이제부터 문화센터에서 절대 수업을 듣지 말아야겠다고 판단했는데, 굳이 그 내용 때문에 아이가 좋아하는 걸 못 하게 막아야 하는가 하고 나 자신에게 질문하게 됐다.

문화센터 수업을 사교육으로 분류할 수도 있지만, 엄마들은 대부분 지식 교육을 위해서가 아니라 아이와 즐겁게 시간을 보내려고 든다. 어리디어린 갓난쟁이들에게 무슨 공부를 시키려 할까.

흔히 아이에게 가장 좋은 장난감은 엄마라고들 한다. 엄마도 체력과 정신력이 받쳐준다면 아이에게 종일토록 에너지를 쏟아붓고 싶지만, 엄마에게는 한 주에 40분만이라도 휴식이 필요할 때가 있다. 하지만 그 짧은 휴식 시간도 갖기가 힘들어서 차선으로 선택하는 것이 '문센' 교육이다.

내 경우에는 아이를 어린이집에 보내지 않았기에 아이가 또래 친구들을 만날 기회가 없었다. 그래서 선생님과 다른 엄마들, 또래 아이들을 잠시라도 만날 기회가 생기고, 그러면서 육아를 하는 데 시너지를 받을 수 있었기 때문에 문화센터에 다닌 이유가 크다.

물론 부정적인 영향도 있을 것이다. 아이의 성향에 맞지 않는데 억지로 잡아 앉힌다거나 강제로 다그치며 배우기를 강요한다면 아이는 스트레스를 받게 되고 정서에도 좋지 않을 것이다. 그 기사에서는 언어교육뿐만 아니라 문화센터 수업 전체가 검증되지 않았다고 주장했지만, 나의 좁은 소견으로는 그 수업들이 내 아이에게는 나쁜 영향을 주지 않았다. 아이와 여가를 보내는 수단으로 훌륭했다.

육아를 하는 데 필요한 통찰력이란 엄마가 알게 된 정보를 그대로 받아들이는 것이 아니라 내 아이에게 적합한 정보를 걸러내는 것이라고 한다. 남들이 키우는 대로 따라 키우는 게 아니라 좋은 것은 취하고 나쁜 것은 버리며 나의 것으로 만드는 게 중요하다. 아이가 잘 생각할 수 있도록 끊임없이 질문해줘야 하듯이 엄마인 나도 넘치는 육아 정보를 이것저것 무분별하게 받아들일 것이 아니라 스스로 무수히 질문하며 하나하나 따져봐야 한다.

난무하는 뉴스 기사들을 무시할 수는 없다. 개중에는 알아두면 유익한 정보도 있을 것이고, 꼭 알아둬야 하는 정보도 있을 것이다. 육아 기사에서 지적하는 것을 잘 확인하고 넘어갈 필요가 있다. 그 말을 그대로 맹신하지 말고 직접 알아본 후에 판단해도 늦지 않다. 그 말과 다를지라도 내 기준에서 올바른 것은 그대로 밀고 나가는 추진력을 가지되, 내 선택을 수시로 점검해보는 것도 잊지 말아야 한다.

어떻게 아이와 놀아줄까
늘 고민 중인 부모들에게

아이가 돌이 지나고 17개월이 될 즈음, 하루가 끝나고 밤에 누워 있으면 늘 '조금 더 잘 놀아줄걸.' 하는 후회가 들었다.

'내일은 대체 뭐 하고 놀아줄까?'

'다른 엄마들은 하루 종일 아기하고 뭐 하고 놀까?'

놀이란 엄마로 다시 태어나면서부터 주어진 중대 과제이다.

출산 후 조리원에서 내 몸을 추스르기도 벅차서 멍하니 있었는데, 누워서 멀뚱거리며 나를 바라보는 아이를 보니 순간 너무 미안했다. 침대에 누워만 지내고 혼자 얼마나 심심할까 싶었다. 잘 놀아주는 친구 같은 엄마가 되고 싶었는데 내 몸만 너무 사린 것 같아 자책했다.

나는 넘치는 의욕으로 끊임없이 아이에게 말을 걸어주고 딸랑이를 흔들어댔다. 하지만 이것도 하루 이틀이지, 아침이 되면 '오늘 하루는 대체 어떻게 넘기나, 무슨 놀이를 해주나?'라는 걱정에 마음이 무거워졌다.

🍂 노래 불러주기

일단 일어나자마자 노래 CD를 트는 걸로 아침을 맞았다. 잠기운에 늘어져 있으면 한도 끝도 없이 늦잠을 자고 싶어져서 잠도 깰 겸 홍얼홍얼 따라 불러줬다. 그러고 있노라면 아이는 자신이 하고 싶은 놀이를 스스로 찾아냈다. 노래 리듬에 맞춰서 짝짝이 캐스터네츠를 흔들거나 붕붕카를 탔다.

🍂 매트 계단 놀이, 매트의 무한 변신

시간이 지나면 놀이가 바닥난다. 노래를 부르고 책을 읽어주다 보면 목이 아파오다가 오후에는 슬슬 졸음이 밀려온다. 아이와 함께 블록을 맞추다가 꾸벅꾸벅 졸게 될 때쯤이면 잠을 쫓아야 한다.

놀이터나 공원에 나가서 산책하는 편이 제일 좋지만, 미세 먼지가 심한 계절에는 거의 집 안에 머문다. 이럴 때는 층간 소음과 안전을 위해 깔아둔 매트가 '몸놀이'를 하는 데 유용하게 쓰인다. 매트는 여느 놀이터 부럽지 않게 시간을 보낼 수 있는 최고의 놀이 기구이다.

우선 매트를 한 칸 접어서 계단을 만들면 엄마도 잠시 휴식할 수 있다. 이 놀이를 할 때만큼은 아이 혼자서도 참 잘 논다. 한 칸에서 두 칸으로, 또 세 칸까지 4단 변신을 시켜가며 높이를 점점 달리해주면 아이는 성취감을 느낀다. 매트가 높아지고 아이가 흥이 올라 뛰다 보면 넘어질 수 있으니 주변에 인형이나 베개를 깔아서 혹시 모를 사고를 예방하자.

엄마가 옆에서 종이 인형이나 곰 인형으로 "영차, 영차" 효과음을 더하며 계단 올라가는 흉내를 내면 아이는 친구와 같이 노는 느낌이 드는지 신나한다. 자기가 인형을 들고 와서 계단을 오르는 시늉을 하며 매트 계단에서 놀자고 제안하기도 한다.

🌿 매트 미끄럼틀, 엄마와 매트의 합체

매트 계단 놀이가 시들해진다 싶으면 엄마와 매트의 합체가 필요하다. 미끄럼틀처럼 탈 수 있도록 엄마가 매트를 이불처럼 덮고 앉는다. 그 위에 아이를 앉혔다가 엄마 무릎을 들어 올려 매트를 타고 쭉 미끄러져 내려가게 하면서 미끄럼틀을 만들 수 있다.

실내용 미끄럼틀을 사두긴 했지만 아기 때는 떨어질까 봐 내가 매번 잡아줘야 하고, 그렇게 해도 다칠까 봐 불안했다. 그런데 매트로 미끄럼틀 놀이를 해주면 매트 너비가 넓으니 아이가 다칠 염려도 없고, 나도 앉아서 놀아줄 수 있어서 그나마 편하다.

매트 높이를 점점 올리면서 "위로, 위로, 위로!"를 외치며 긴장감을 주면 더 즐거워한다. "하나 둘 셋, 준비, 출발!" 하면서 높은 매트 위에서 미끄럼을 태워 내려주면 폴짝거리며 춤까지 춘다.

🌿 엉금엉금 매트 터널 놀이

그다음 단골 놀이 코스는 아이가 기어 다닐 때부터 줄곧 했던 터널 놀이다. 폴더형 매트를 접으면 삼각형 모양의 틈을 만들 수 있는데 그 안을 일명 '터널'이라고 부르면서 통과하는 것이다. 아기 때는 터널에 들어가다가 자꾸 바닥에 머리 쿵 찧어서 터널 놀이용 매트나

텐트를 살까 했는데 이불을 깔아서 계속 애용했다.

터널 주위를 빙글빙글 뛰어다니며 까꿍 놀이도 하는데 그렇게 뛰다 보면 자꾸 넘어져 머리를 박아서 난감하니 아이가 너무 흥이 오르지 않도록 조절해줘야 다칠 위험이 없다.

🍃 매트 오솔길 놀이

매트로 할 수 있는 놀이가 하나 더 있다. 양쪽으로 터널을 만들어주면 그 사이에 오솔길이 생기는데 여기를 지나다니는 것도 또 하나의 놀이다. 4단 폴더형 매트를 다 접지 않고 틈이 생기게 M 자로 비스듬하게 접어두면 아이에게는 산 2개가 생기는 셈이다. 그걸 장애물 삼아서 넘어 다니기도 하고 터널 사이에 난 오솔길에 누워 있기도 한다. 아이의 에너지가 넘칠 때는 이 오솔길을 스무 번 넘게 왔다 갔다 해댔다.

🍃 대형 공으로 '방방' 놀이

임산부 필라테스를 하면서 샀던 대형 공이 다른 공보다 엄청나게 크니 아이가 신기해한다. 공이 커서 아이가 자기 몸을 부딪히며 놀다가 옆으로 미끄러지기도 하니 주변에 푹신한 베개를 깔거나 매트 위에서 노는 게 안전하다. 대형 공에 엄마가 앉고 아이를 안아서 통통 튕기면 방방이 부럽지 않다.

이런 몸놀이들을 적어도 세 번 이상 반복하면 하루가 잘 가긴 한다.

🌰 빨강, 파랑! 단 두 가지 색연필로 한 시간 놀기

알록달록 색깔들도 필요 없이 단 두 가지 색깔만으로 신나게 놀수 있는 방법이 있다. 아이들이 좋아하는 소방차 놀이인데, 먼저 빨간 색연필을 잡고 스케치북에 휘휘 돌리면서 소용돌이 모양을 그리거나 삐죽삐죽하게 불 모양을 그린다.

"불이야!"

이 한마디에도 아이는 깜짝 놀라 눈이 동그래진다. 그러면 아이의 손에 파란 색연필을 쥐어준다.

"얼른 소방차가 와서 물을 뿌려야 해. 불을 꺼야지! 소방관님 도와주세요."

이 몇 마디로 아이는 진짜 소방관으로 변신한 거처럼 진지하게 놀이에 임한다. 아이는 빨간색 위에 파란색을 덧칠하며 신나게 불을 끈다. 이 놀이를 지겹도록 해줘도 매번 소방관으로 멋지게 활약한다.

🌰 아기의 두뇌를 깨우는 전통 놀이 '단동십훈'

놀이다운 놀이를 하는 것도 좋지만, 너무 놀기만 하면 아이의 두뇌 발달에 신경을 써야 하나 불안해진다. 놀이를 하면서 지능도 발달시킬 수 있다면 일석이조일 것이다. 더욱이 아이의 뇌는 신생아 시기부터 3세까지 성인 뇌의 80퍼센트 이상 성장한다는 말을 들으면 엄마들은 더욱 초조해진다. 그래서 엄마들은 아직 어린 아기에게 공부를 시킬 수는 없는 노릇이니 놀이나 장난감, 교구를 이용해 혼신의 힘을 다한다.

하지만 비싼 장난감이나 특별한 놀이법 없이도 아기에게 좋은 놀이가 있다. 바로 아이의 오감을 발달시키는 '단동십훈(檀童十訓)'이다. '불아불아, 시상시상, 도리도리, 지암지암, 곤지곤지, 섬마섬마, 업비업비, 아함아함, 작작궁작작궁, 질라아비 훨훨의'로 오로지 부모가 몸으로 놀아주는 한국 전통 육아법이다.

우리가 알고 있는 '지암지암'이나 '도리도리'같이 흔한 놀이가 아기의 가벼운 몸 운동을 도와주는데 이는 소근육의 힘을 길러준다. 손을 쥐었다 폈다 하는 지암지암, 고개를 좌우로 돌리는 도리도리, 박수를 치며 손을 자극해주는 작작궁작작궁, 집게손가락으로 손바닥을 누르는 곤지곤지 같은 가벼운 동작만으로도 아기의 두뇌를 깨운다.

사실 아기 때는 '까꿍'만 해도 배꼽 빠지게 웃어댄다. 입으로 방귀 '뿡' 소리만 내도 자지러지며 뒤로 넘어간다. 엄마와 신체 접촉을 하는 놀이라서 아이의 정서 안정에도 도움을 준다.

🐾 집 안 물건을 활용한 놀이

빨래 건조대 집에 있는 물건들 중 유독 아이가 애착을 가지는 것이 있다. 내가 알려주지 않아도 빨래가 널려 있는 건조대가 아이의 눈에는 좋은 놀잇감으로 보였나 보다. 거실에 세워두고는 공사장에서 본 안전제일 바리케이드라고 상상한다.

편백 큐브 할머니가 마트에서 사 온 편백나무 베개 안에 들어 있던 편백 큐브를 와르르 쏟아서 촉감 놀이를 한다. 쌀도 이용할 수 있지만 작은 알갱이가 이리저리 굴러다니며 끼이는 걸 나중에 치우려면 애먹게 되는데 그 대용으로 편백 큐브가 정리하기도 편하다.

이불 내가 이불을 덮고 누워서 두 발을 높이 들어 올리니 아이는 "에펠탑이다!" 하고 소리치고는 내 발을 쓰러뜨리며 안긴다. 높은 탑을 스스로 무너뜨렸다는 생각에 성취감도 느낀다.

종이, 펜, 가위, 색연필만 있으면 할 수 있는 놀이 아이와 책을 보다가 칠교도(七巧圖)를 알게 됐다. 직각삼각형, 정사각형, 평행사변형으로 이뤄진 퍼즐이었는데 스케치북에 그 도형들을 따라 그리고 색칠한 다음 오려냈다. 그 조각들을 이어 붙여서 로켓을 만들어 줬는데, 아이가 기존의 퍼즐 장난감보다 더 흥미를 가졌다. 단순한 조각만으로 숫자 8이나 2, 집, 로봇, 탑, 의자 등 여러 모양을 만들 수 있다.

딱지 옛 추억을 소환하는 놀이다. 여러 크기의 종이로 딱지를 접어서 쳐봤는데 잘 뒤집어지지 않아 좀 힘들긴 했다. 유치원 아이들이 가지고 다니는 딱지를 보면 두꺼운 종이나 비닐에 테이프를 덧댄 후 이어 붙여서 잘 뒤집어진다.

윷놀이 명절이면 친척들과 윷놀이를 하곤 했는데 거의 10여 년 만에 꺼냈다. 아이가 만 48개월 때까지 다양한 보드 게임을 해봤지만, 주사위를 던져서 나온 수만큼 이동하는 규칙을 설명해줘도 아이는 그다지 집중하지 못했다. 그러나 우리나라의 전통 보드 게임인 윷놀이에는 달랐다. 아이는 나무 막대를 높이 던지는 모습을 호기심에 가득 차서 지켜봤다. 아이들은 워낙 막대기 자체를 좋아하기 때문에 더 재미있게 받아들인다. 처음에는 윷가락으로 칼싸움을 하거나 윷을 굴리며 놀았다. 윷놀이 규칙을 확실히 인지하지 못하더라도 윷가락을 던지고 만지는 것만으로도 아이에게는 즐거운 놀이가 된다.

휴지 말이심 예전에는 집에 쌓여 있는 휴지 말이심으로 망원경 놀이 정도만 했는데 만 4세가 되니 테이프로 10개를 이어 붙여서 들었다 내렸다 하면서 차단기 놀이를 하거나, 페인트를 칠하는 막대기라고 상상한다.

어떻게 아이와 매일 이러고 지내나 숨이 꽉 막힐 때도 있을 것이다. 나도 온종일 혼자 아이를 돌보다 보면 정신적으로 너무 힘들어서 어린이집에 보내는 편이 아이에게도 나에게도 더 좋지 않을까 싶기도 했다. 내 경우에는 저녁 시간에는 부모님이 도와주실 여건이 되었기에 버틸 수 있었다.

딱 3년 정도만 참으면 되는 것 같다. 유치원이라는 탈출구가 있으니 엄마들이여, 조금만 힘내길. 짧디짧은 4시간뿐이지만 혼자만의 시간을 가질 수 있다. 밀린 집안일을 하고 장을 보러 마트에 다녀오면 그마저 훅 지나가고 말지만 잠깐이라도 한숨을 돌릴 수 있다.

다만 이제 아이가 유치원생이 되어서 또 다른 놀이를 개발해야 할 텐데 밑천이 바닥났다. 앞으로는 나도 함께 논다는 마음으로 아이와 즐겁게 하루를 보낼 수 있기를 소망해본다.

아이와
책으로 노는 방법

"엄마도 거북이처럼 목을 집어넣어봐." 그림책을 보고 나서 사람인 엄마에게 거북이 되어보라는 희한한 주문을 하기도 하고, 샤워기를 높게 해서 물을 틀어주면 '달 샤베트' 물이 떨어진다고 상상하며 대야로 받는다. 그런 아이는 정말 사랑스럽다.

아이와 지내다 보면 모든 책 장르의 총집합을 볼 수 있다. 처음에는 책을 통해 자연 탐험을 하기 쉬운데, 온갖 동물의 소리와 동작을 흉내 내야 한다. 가장 발음하기 쉬워서인지 내 아이는 악어를 좋아했는데 나와 아이는 엉금엉금 기어가는 악어부터 멍멍 짖는 강아지가 되기도 하고, 나중에는 공룡 역할까지 소화하며 동물의 왕국을 만들어줘야 한다. 이후 세계 평화를 지키는 영웅이 되기도 하고, 소방차와 경찰차가 되어 매번 출동을 외친다.

전집에는 아이의 관심사가 골고루 포함되어 있고, 단권으로 사는 것보다 싸게 살 수 있는 기회도 많다. 전집이 편리하긴 하지만 좋아하는 책을 낱권으로 사는 편이 더 나을 때도 있다. 내 아이는 단권으로 된 책들을 잘 본다. 그림이 아기자기해서 몇 번이고 반복해서 봐도 질리지 않는다. 특히 『100층짜리 집』 시리즈, 『왜왜왜? 꼭 알아야 할 교통질서』, 소방관이 주인공으로 나오는 동화책을 잘 본다.

아이가 관심을 보이는 분야는 종류별로 사주는 것이 호기심을 풀어주는 데 좋다. 길을 지나다가 표지판을 쓰다듬기까지 하며 애정을 가져서 교통질서에 관한 책을 한 권 사줬다. 그런데 그 책 내용과 함께 내가 아는 한도에서 아이의 질문에 답해주는 데 부족함을 느꼈다. 아이는 매일 새로운 질문으로 끊임없이 물어보는데 내 지식이 너무 협소해서 교통질서 표지판에 대해 자세히 설명되어 있는 책을 몇 권 더 구입했다. 교통 표지판 스티커나 그 이미지를 엄지손가락만 하게 출력하여 젓가락에 붙여서 진짜 표지판처럼 만들어주니 아이는 매트 사이에 끼워서 자신만의 도로를 만든다.

5세에는 디즈니 만화영화에 푹 빠져서 아이는 물고기와 미니언 마니아가 되었다. 특히 자기 전이면 디즈니 무비 동화 『니모를 찾아서』와 『도리를 찾아서』(oh!북스)를 자주 본다. 영화 줄거리를 담아서 꽤 긴 편인데도 여러 번 읽다가 잔다. 같은 이야기지만 매번 새로운 질문이 쏟아진다. 집에 둘만 있는 시간이 많다 보니 어릴 때부터 책으로 놀았다.

✤ 책탑 쌓기, 책을 장난감처럼 가지고 놀자

책을 펼쳐서 세로로 세우고 그 위에는 책을 눕혀서 지붕을 만든다. 세로 세우기와 가로 눕히기를 반복해서 차곡차곡 올리면 아이는 성을 쌓은 것처럼 신나한다. 그 사이사이에 인형을 세워두기도 하고, 미니 자동차를 올려놓아 주차 타워를 만들기도 하는 등 책은 아이에게 좋은 장난감이 되어준다.

🎋 책 기찻길, 흥미 없는 책은 바닥에 깔자

전집 중에서 아이가 흥미를 보이지 않는 책들 위주로 바닥에 주르륵 늘어놓는다. 아이는 "칙칙폭폭" 소리를 내며 책을 밟고 기차놀이를 하다가 자연스럽게 책 표지를 보게 되는데 그러다 보면 내용도 궁금해한다.

🎋 집 안 곳곳이 책 광고판

아이가 한동안 책을 보려 하지 않을 때가 있다. 그럴 때는 아이의 시선이 닿는 곳이면 어디든 책을 놓는다. 소방차와 경찰차 놀이에 빠져들 시기였는데, 아이가 노는 거실을 살펴보니 주변에 책이 없었다. 그래서 책꽂이에서 책을 다 빼서 커다란 상자에 넣어서 거실 바닥에 두었다. 장난감 가까이에도 책을 두었다. 매트 틈에도 책을 몇 권 꽂아두고, 책상 위에는 아이가 좋아하는 책과 잘 읽지 않는 책을 번갈아 세워놓았다.

🎋 같은 책을 반복하되 매번 다르게 읽어주기

아이는 클수록 점점 엄마 목이 아프도록 반복해서 읽어달라고 한다. 특히 자기 전에 누워서 읽어주면 손이 다 후들거릴 지경이지만 아이는 읽을 때마다 내용을 다르게 받아들인다. 아이의 몸속에 질문을 만드는 기계가 있는 것처럼 새로운 물음을 생성해낸다. 또 그림책에 나오는 많은 동물 표정을 놓치지 않고 하나하나 흉내 내노라면 세월아 네월아 30분 넘게 한 권을 부여잡고 읽는다.

독서 교육을 할 때는 많이 읽는 게 아니라 아이와 공감하며 읽는 것이 중요하므로 정성껏 낭독해줬다. 그러다 내가 졸아서 느릿느릿 읽을 때가 간혹 있다. 그러면 아이는 나를 툭 치면서 깨운다.

"엄마! 열심히 읽어. 눈 감지 마!"

차라리 이렇게 책을 읽는 게 제일 마음이 편할 때도 있다. 소방대 놀이나 악당을 물리치는 놀이를 무한 반복하다가 놀이 소재가 다 떨어지고 이게 뭐 하는 짓인가 싶을 때쯤, 아이가 관심을 가질 만한 자동차에 대한 동화책을 읽어주면 기분이 조금 환기된다.

책도 보고, 밥도 먹고!

아이는 그림책의 내용뿐만 아니라 특정 그림에 빠져들기도 한다. 그림책 속 주인공이 소시지를 잔뜩 물고 있는 모습이 인상적이었는지 하루에도 몇 번씩 "개는 왜 소시지를 한꺼번에 많이 먹었어?"라고 묻는다. 블루베리를 먹다가도 그 모습이 떠올랐는지 여러 개를 입안에 털어 넣고는 "나도 몽땅 먹어." 하며 책 속 주인공이 된 것처럼 신나한다.

아이는 『니모를 찾아서』에 나온 아기 거북들이 혼자 알에서 깨어나 바다로 가면서 새들한테 잡아먹히기도 한다는 이야기를 듣고는 걱정했다.

"엄마! 거북이 아가들이 잡아먹히면 어떡해?"

"거북이들을 도와주려면 네가 힘이 세져야 해!"

아기 거북들을 구하려면 밥을 많이 먹어야 한다니까 아이 스스로 다 먹었다. 이 수법이 늘 통하지는 않지만 유용하게 써먹을 수 있다.

책에 들어간 작은 그림으로 하루를 행복하게 보내기

요즘 어린이책들은 본문 내용을 토대로 색종이를 접거나 장난감을 만들어보고 실험까지 할 수 있는 부록이 뒷부분에 실려 있다. 엄마가 책으로 놀 만한 거리를 따로 마련하지 않아도 한 권에 다 갖춰져 있지만, 책으로 논다는 건 그런 것보다는 아이가 책을 통해 뭔가를 떠올리고 새롭게 실행해보는 것 같다. 어느 날 잠들기 전, 아이는 그림책에 나온 떡을 보고는 신기해하며 뭔지 물었다.

"엄마, 이 까만 떡은 뭐야?"

"그건 시루떡이야. 위에 팥이 있고, 아래는 하얗지."

"먹고 싶다."

"우리 내일 먹어볼까?

"어떻게?"

"떡집에 가서 사 먹으면 되지?"

"떡집이 뭔데?"

"떡을 만드는 곳이야."

"우리 유치원 끝나고 떡집 가자."

아이는 잠들면서도 떡집에 갈 것을 고대하더니 아침에 일어나서도 꼭 가자고 손가락까지 걸었다. 유치원 버스에서 내리자마자 떡집에 가자고 보채더니 여러 모양의 떡을 보자 시루떡, 감자떡, 꿀떡을 골랐다. 집에 돌아와 한 입씩 베어 먹으면서 떡의 종류와 떡 만드는 방법이 궁금했는지 이야기가 끊이지 않았다. 특정 놀이를 하지 않아도 책에 나온 '떡' 그림 하나로 온종일 행복하게 보낼 수 있었다.

☀ 동화 속 상상의 나라

자연관찰전집에서 상어에 대한 내용을 보고 난 후, 버튼을 누르면 소리가 나는 사운드북 『니모』부터 상당히 글밥이 많은 『도리를 찾아서』까지 섭렵했다. 그런데 『니모를 찾아서』를 읽는 내내 창꼬치한테 니모네 엄마가 잡아먹힌 일에 대해 몹시 슬퍼했다.

만 45개월 즈음부터 아이가 그림책을 읽거나 만화를 보다가 동물이 다른 동물을 잡아먹으면 죽는 것 아니냐며 불쌍해했는데 그 걱정이 점점 심해졌다. 죽음에 대해 잘 설명해주려 해도 아이가 너무 우울해하는 것 같아 안쓰러웠다. 죽음은 아이가 받아들이기에는 아직 무거운 주제라서 죽음에 대해 어떻게 좀 더 편안하게 받아들이도록 해줄 수 있을까 고민스러웠다. 특히 전래 동화 『청개구리』에서 개구리 엄마가 죽는 결말을 읽고서는 충격이 큰 것 같았다.

백희나 작가의 『삐약이 엄마』를 읽은 이후에야 아이는 죽음에 대해 편하게 받아들였다. 고양이가 삼킨 달걀 안에서 부화되어 고양이 응가로 세상에 나온 삐약이처럼 니모 엄마도 잡아먹혔지만 물고기 뱃속에 있다가 다시 뿅 살아 나오겠다며 기뻐했다.

그 이후로 아이는 『니모의 엄마를 찾아서』라는 속편을 자기 혼자서 쫑알거리며 지어냈다. 그때부터 여러 동화를 섞어서 자신만의 이야기를 엮는데 아이가 창작한다는 것이 참 신기하고 대단해 보이기까지 한다.

47개월이 되니 이제 동화의 상황만 가져다가 자기 방식대로 창작하는 걸 더 즐긴다. 만화영화 내용을 쭉 얘기하다가 끝에 가서는 자신이 좋아하는 결말로 이야기를 만들어갔다. 기분이 좋으면 콧소리를 내며 잔뜩 들떠서 말하는 아이, 스스로 자신만의 스타일로 이야기를 만드는 아이가 정말 대견스럽다.

하루 종일 식습관을 비롯한 생활 습관으로 아이와 실랑이를 벌이느라 잔뜩 지칠 때면 온 세상 시름을 다 짊어진 듯 우울해진다. 하지만 하루해가 저물고 차분히 아이를 바라보면 대체 왜 행복을 곁에 두고 푸념만 늘어놓는지 나 자신이 한심스럽다.

그림책을 보면서 나도 깨닫는 게 많다. 니모의 한쪽 지느러미는 공격을 받아 다쳐서 더 이상 자라지 않는다. 어쩌면 그것은 아픔이라고 볼 수 있는데 니모의 아빠는 '행운의 지느러미'라고 부른다. 니모가 죽을 수도 있었던 순간에 살아남았기 때문이다. 엄마를 잃어버린 비극적인 순간이었지만 그런 와중에도 살아남은 것은 기적 같은 행운이니까. 사소한 일도 행운이라고 여기며 마음을 즐겁게 먹어야겠다는 교훈을 어른이 되어서 아이의 책을 통해 다시금 얻는다.

아이에게
가장 좋은 장난감

장난감 없이 아이와 놀아주기란 쉽지 않다. 딸랑이라도 흔들어주고 동요를 틀어줘야 제대로 놀아주는 기분이 든다. 게다가 요즘에는 화려한 교구들이 많아서 그런 것이 없으면 내 아이만 뒤처지게 될까 봐 걱정스러워진다.

귀한 아이에게 장난감 천국을 만들어주고 싶은 게 부모 마음이다. 집 안은 아이가 태어나면서부터 하나둘 사들인 장난감으로 실내 놀이터처럼 되기 십상이다. 아이에게는 뭐든지 사주고 싶기 때문에 하나라도 놓칠세라 신체 발달, 지능 발달, 오감 자극까지 아이에게 좋다면 귀가 번쩍 뜨이는 게 엄마의 본능이다. 엄마는 더 좋은 장난감을 선물하고 싶고, 새로운 장난감은 하루가 다르게 쏟아져 나온다. 아기 키우는 집에 가보면 장난감의 양이 어마어마해서 어린이집을 방불케 하는 곳이 많다. 나는 되도록 장난감을 사주지 않으려는 편인데도 지인에게 얻거나 선물로 받은 것이 많아서 방마다 장난감들이 넘친다.

하지만 아이의 발달단계에 맞는 장난감을 다 사기에는 부담스럽다. 장난감을 저렴하게 판매하거나 대여하는 곳을 이용하면 돈을 절약할 수 있다. 시에서 운영하는 장난감 도서관에서는 유익한 놀이 방법까지 알려준다.

너무 많은 장난감은 아이에게 악영향을 끼친다. 부모와의 소통 없이 혼자서 장난감만 가지고 노는 경우에는 극단적으로 '장난감 중독'이 올 수도 있다고 한다. 장난감 가짓수가 많다고 해서 좋은 것이 절대 아니다. 집에 있는 장난감을 창의적으로 활용해서 새롭게 놀 수 있는 환경을 만들어주는 것이 더 중요하다.

아이들에게는 장난감 없이 놀 수 있는 시간도 있어야 한다. 시중에서 판매하는 비싼 완제품보다 아이가 직접 만들며 놀 수 있는 것이 더 좋은 장난감이 된다. 그 대안으로 '장난감 없는 날'을 만들어 보자.

EBS 프로그램 〈부모〉에서 아이의 장난감을 주제로 방송할 때 자료 조사를 하면서 '장난감 없는 유치원 프로젝트'라는 것을 알고서 놀란 적이 있다. 이를 집에서 실천하기란 매우 어렵지만, 아이는 의외로 장난감 없이도 잘 보낸다.

내 아이는 빨래 건조대를 무척 사랑한다. 거실 한복판에 건조대 두 개를 나란히 세워두고는 공사 현장의 안전제일 바리케이드라면서 한참 폴짝폴짝 뛰논다. 한낱 빨래 건조대조차 아이에게는 최고의 장난감이 될 수 있는 것이다.

큰마음 먹고 집에서 '장난감 없는 날'을 실천하고자 한다면 유용한 준비물은 바로 종이 상자이다. 작은 종이 상자들에 색종이를 붙여서 아이가 좋아하는 장난감이나 인형으로 꾸며볼 수 있고 공을 던져 넣는 골대로도 활용할 수 있다. 커다란 종이 상자는 아이가 그 안에 들어가 앉는 집이 되거나 우주선으로 변신하기도 한다. 이것 하나로도 아이들은 자신만의 기발한 아이디어를 마구 쏟아낸다. 일명 아이표 장난감을 만들면서 상상력이 쑥쑥 자라난다.

서울교육대 곽노의 교수님은 아이들이 계속 '이걸 가지고 다음에는 뭘 할까? 어떤 놀이를 할까?' 하고 끊임없이 고심하게 되고 적극적으로 움직여 사고를 넓게 가질 수 있다고 하셨다. 넘어지고 부딪치고 구르면서 에너지를 마구 발산할 수 있다. 아이들의 놀이에는 우리가 상상하는 이상이 담겨 있다. 틀에 박힌 놀이가 아니라 아이들이 자기 창의력을 이용하는 놀이라 더 바람직하다.

예를 들면 노끈 한 묶음으로 할 수 있는 놀이는 무한대이다.

- 노끈을 묶어서 기차놀이
- 노끈으로 세모, 네모, 동그라미 모양 만들기
- 노끈으로 줄다리기

이외에도 미용실 놀이, 인디언 놀이, 줄넘기 등 여러 놀이가 나올 수 있다. 노끈뿐만 아니라 그림을 그릴 때 바닥에 깔아놓는 데만 쓰이던 신문지 한 장도 멋진 장난감이다. 일상생활에서도 장난감 없이 노는 게 가능하다.

그러나 갑자기 장난감을 치우면 아이가 스트레스를 받을 수 있어서 집에서 '장난감 없는 날'을 실천하기가 현실적으로 어려울 수 있다. 그렇다면 여행할 때나 외출하는 경우에 '장난감 없는 날'을 시도해보자. 그때도 장난감을 하나씩 챙기곤 하는데 아이에게 무리가 가지 않는 선에서 집 밖에서만이라도 장난감 없는 날을 하루쯤 가져보는 건 어떨까. 아이는 바닥에 뒹구는 돌멩이와 나뭇가지도 장난감으로 변신시킬 수 있는 상상력을 가지고 있다.

그렇다고 장난감을 아예 없애는 것도 좋지 않다. 장난감과 아이는 뗄 수 없는 관계다. 뭐니 뭐니 해도 아이의 장난감으로 '공'이 빠질 수 없다. 운동 신경 발달에도 좋고 엄마와 상호작용을 할 수 있다.

아이가 단연 사랑하는 장난감은 '자동차'이다. 비슷비슷한 미니카들이 상자에 넘쳐나는데도 마트에 가면 자꾸 사달라고 졸라서 난감하긴 하다. 하지만 자꾸 제지하기보다는 종류가 다르고 아이가 원한다면 사주는 것도 때로는 나쁘지 않다.

엉성한 모양이지만 내가 '블록'으로 조립해준 기차, 기린, 배도 아이는 잘 가지고 논다. 아이의 상상 속에서는 그 조그만 블록이 진짜 기차처럼 보였는지 기차 위에 앉겠다고 엉덩이를 들이밀 때는 정말 사랑스럽다.

아이가 장난감을 가지고 놀 때 신문지, 노끈, 빨래 건조대, 베개 등과 같이 집 안 물건을 함께 이용해서 부모와 함께 놀이를 한다면 아이의 창의성이 더 활짝 열릴 수 있을 것이다. 또한 성장 단계에 따라 아이의 발달에 좋은 장난감들을 적당하게 골라야 한다.

“아팠겠다.”
“엄마가 왜 안 구해줬어”
“엄마가 못 봤어.”
“엄마 왜 그랬어.”
“넘어진 건 그냥 실수한 거야. 누구 잘못이 아니야.”
“엄마가 잘못한 게 아니야”
“응. 넘어질 수도 있는 거야.”

엄마 vs. 아이의
기 싸움

2

엄마,
하늘나라에 가버려!

"엄마 미워!"

"나가버려."

"죽어!"

아이가 이런 말을 할 경우에 부모는 어찌해야 할지 몰라 고민한다. 아직 어려서 비속어까지 쓰지는 않지만, 내 아이도 요즘 화가 날 때면 자주 하는 말이 있다.

"엄마, 하늘나라 가!"

이 말을 처음 들었을 때는 아이가 마냥 귀엽게 느껴졌는데 그 횟수가 잦아지니 점점 참기 힘들었다. 그래서 잘못된 말은 따끔하게 알려줘야 하나 싶어서 "그런 말 하는 거 아니야! 하지 마!"라며 주의를 주었다. 그렇게 말하는 아이의 마음에 공감해주면 나아질까 싶어서 부드럽게 대처하다가도 결국 욱하게 됐다.

아이가 자랄수록 비속어를 쓰거나 심한 말을 할 때가 많아질 텐데 엄하게 혼내는 편이 좋은지, 차분히 달래는 편이 좋은지 판단이 안

2 / 엄마 vs. 아이의 기싸움

섰다.

유치원에서 '좋은 부모 아카데미' 수업을 해주신 부모회복공간 '샘'의 김성경 선생님은 아이들이 그런 말을 하는 이유를 알려줬다. 바로 사랑의 욕구가 채워지지 않아서 그러는 것이라고 했다. 아이가 선택할 수 있는 제일 센 말로 감정을 표현한 것이다. 이것이 아이로서는 최선의 방법이고, 그렇게 나타나는 행동이 보복이었다.

부모도 역할극을 통해 아이가 왜 심한 말을 하게 되는지 직접 느낄 수 있다. 좋은 부모 수업에서 둘씩 짝을 지어서 한 사람은 관심을 받으려는 아이 역할을 맡고, 다른 사람은 등을 돌린 채 관심을 주지 않는 엄마를 연기해봤다. 내가 아이 역할을 맡았는데, 평소에 다른 일을 하느라 아이가 불러도 즉각 반응해주지 못했을 때 아이가 보인 모습을 회상하며 임했다.

1~5단계로 아이 역할을 맡은 사람이 "엄마"를 부르면서 관심을 끌었다. 2단계에서는 "엄마, 나 좀 봐줘."라고 말하거나 툭툭 치는 정도에 그쳤는데 그래도 반응이 계속 없으므로 5단계에 이르러서는 내 머리를 잡아당기거나 때리는 아이의 모습이 기억나서 나도 그 행동을 따라 해보니 아이가 느꼈을 심정이 엇비슷하게 와닿았다. 아무리 불러도 돌아봐주지 않으니까 나조차 아이처럼 점점 과격한 행동을 취하게 됐다.

평상시 내가 바로 응하지 않았을 때 아이도 이런 답답한 감정을 느꼈을 것이고, 그게 쌓이고 쌓여서 과격한 말을 쓰는 듯하다. 또한 아이가 잘했을 때 칭찬하지 않고 당연하다고 반응하면 상처받은 아이는 보복을 해서라도 관심을 끌려고 할 수 있다고 한다.

먼저 그런 말을 쓰면 안 된다고 나무라기 전에 아이의 욕구를 찾아본다. 그러고 나서 '반영적 경청'을 통해 "네가 이래서 속상했구나."라고 공감해준 후 그런 마음을 대체할 말을 아이에게 알려준다.

아이가 비속어 혹은 좋지 않은 말을 썼을 때 부모는 무조건 혼낼 것이 아니라 그 말을 하는 이유를 캐내봐야 한다.

아이의 거짓말에
대처하는 법

놀이터에서 아이와 놀고 있는데 남편이 아이스크림을 사 왔다. 아이가 입맛을 다시며 내가 먹을 커피 아이스크림을 먹고 싶다기에 커피를 먹으면 잠을 못 자고 키도 안 크니까 어른이 돼서 먹자고 타일렀다.

아이는 아쉬워하며 포기하는 듯하더니 다시 돌아서서는 해맑은 표정으로 웃으면서 입안에 커피 아이스크림을 넣어달라고 손짓했다.

"어유, 더워. 나 키 안 커도 괜찮아."

바람이 쌩쌩 불고 추운데도 덥다니 커피 아이스크림이 먹고 싶어서 거짓말하는 모습이 귀여웠다.

임신했을 때 EBS 다큐멘터리 〈퍼펙트 베이비〉를 보고 아이가 거짓말을 하는 것은 인지능력이 꽤 발달했다는 뜻임을 알았다. 그래서 곧 태어날 아기가 처음 거짓말을 하면 축하해줘야지 하고 마음먹은 적이 있다.

거짓말이 아이의 발달 과정 중 한 단계라는 것을 이해하는 것도 필요하지만 그냥 방치해서는 안 될 문제이기도 하다. 그렇다면 아이의 거짓말에 부모는 어떤 반응을 보여야 할까?

내가 처음으로 큰 거짓말을 한 것은 초등학교 저학년 때였다. 수학 문제집을 풀기 싫어서 정답을 모조리 베끼고서는 진짜로 풀었다며 거짓말로 버티자 부모님이 무섭게 혼내며 내 빰을 때리셨다.

"너는 거짓말을 왜 이렇게 잘하니?"

부모님은 그날 이후 거짓말은 나쁜 짓이라고 몇 번이나 당부하셨다. 그런 짓을 못 하게 하기 위해서 강한 훈육을 선택하신 듯하다. 내 잘못이었기에 정말 혼나도 싸다고 생각했지만 내가 커가는 동안 그때의 기억이 좋은 영향을 끼치지는 못했던 것 같다.

부모님이 핀잔으로 하신 말이지만, 그 말은 내 마음속에 각인됐다. 엄하게 혼난 덕분에 별 잘못 없이 자랄 수 있었을지 몰라도 성인이 되어서까지 내 잠재의식에는 '나는 원래 거짓말을 잘하는 나쁜 사람이야.'라는 바탕이 크게 자리 잡고 있었다. 그래서 학창 시절에 선생님과 상담하다 보면 왜 이렇게 자신감이 없어 보이냐는 이야기를 듣곤 했다. 그때를 돌이켜보면 아이의 거짓말에 대처하는 방법을 다시 신중하게 따져보게 된다.

아이를 혼내더라도 체벌은 피해야 한다. 나쁜 짓을 다시는 하지 못하도록 혼내는 것도 필요하겠지만 그 후에 다독이는 과정이 무엇보다 중요하다고 느껴진다. 거짓말에 대해 나무란 이후 아이가 거짓말하게 된 상황을 살피면서 아이의 놀란 마음을 먼저 안아줘야 한다. 아이가 스스로 자기 거짓말을 어떻게 해결할 것인지, 자기 잘못에 어떤 벌을 받을 것인지 결정하도록 유도하는 것도 성장 과정에 중요한 영향을 끼친다.

"너는 거짓말을 잘해서 정말 큰일이야."

"너는 거짓말을 잘하는 아이야."

"거짓말쟁이야."

"나쁜 아이야."

이런 말은 피하는 편이 좋다. 그 정도도 말하지 못하냐고, 강한 표현으로 아이가 앞으로 거짓말하지 못하도록 단속할 필요가 있지 않을까 생각할 수 있지만, 이 작은 한마디를 아이는 평생 안고서 살아가게 된다.

내가 직접 겪었던 문제이고, 부모님에게 들은 그 부정적인 단어들이 선명히 떠오르기 때문이다. 그런 경험이 없었다면 나도 아이가 거짓말했을 때 좀 지나치다 싶더라도 따끔하게 혼내야지 생각했을 것이다. 하지만 그 과정에서 아이의 마음에 어떤 상처를 주는지 잘 알기에 크게 화내지 말아야지 다짐한다.

큰 잘못이긴 하지만 사람은 누구나 실수할 수 있다고, 거짓말이 나쁘다는 것을 알고 다시 하지 않으면 괜찮다고 아이의 마음을 쓰다듬어주는 게 아이의 성장에 꼭 필요하다.

다 엄마 때문이야!

아이는 가끔씩 과자를 땅에 떨어뜨리고서는 오열을 하며 "개미 먹지 마! 미워!"라고 개미한테 원망을 퍼붓는다. 바닥에 있는 것을 먹으면 세균이 생겨서 배가 아플 수 있다고 주의시키느라, 개미나 비둘기도 먹도록 주지 말라고 한 것이 아이의 기억에 남아서 그런 것인데 유난히 심하게 울 때가 있다.

고작 몇 조각을 못 먹는다고 왜 저럴까 싶었지만, 아이에게 과자란 때론 엄마보다도 최고로 우선순위다. 그토록 소중한 과자가 떨어졌으니 속상하고 슬플 만도 하다.

"과자를 쏟아서 속상했구나."

아이를 달래주다가 그래도 개미를 향한 원망 어린 말들이 다소 과격해 보여서 아이가 진정한 후 눈을 들여다보며 물어봤다.

"이거 누구 잘못이야?"

"개미 미워. 엄마 잘못이야."

아이는 울음을 그치고서도 뭐가 그리 분한지 씩씩거렸다. 숨을 고르고 한참 뒤 아이의 눈을 보며 다시 묻자 아이는 땅을 보며 사과하고 개미한테도 과자를 많이 주겠다고 반성하긴 했다.

"네가 실수한 것뿐이야. 괜찮아."

아이를 토닥여주긴 했지만 이 일 외에도 "엄마 때문이야! 엄마 탓이야." 하고 말하는 일이 이어지니 그대로 내버려둬도 되는지, 다른 특별한 방법으로 이런 버릇을 고쳐줘야 하는지 궁금했다.

이런 고민을 한창 하던 중에 교육청에서 '좋은 부모 아카데미'의 학부모 성장 프로그램과 연계해서 진행하는 학부모 소모임에 참여하게 됐다. 첫 시간에 '욕구 코칭'을 주제로 강연한 김성경 선생님이 그 원인을 알려주셨다.

아이가 의존하고 남 탓을 하며 "엄마 때문이야!"를 외치는 이유는 엄마가 간섭을 많이 해서라니 정말 충격적이었다. 아이에게 스스로 선택할 기회를 주지 않고 부모가 일일이 보호한 것이 습관으로 자리 잡은 것이다. 그래서 자기 잘못이 아니라 부모가 자신을 보호해주지 않았기 때문이라고 인식하는 거였다.

'나는 당연히 도움을 받아야 하는 존재인데 왜 엄마는 나를 도와주지 않아서 과자를 떨어뜨리게 한 거야! 그러니까 엄마 잘못이야. 엄마 때문이야!'라고 아이는 판단한다. 간섭을 안 해야 한다는 말인데 그 이유는 알았지만 그 방법을 자세히 모르겠다.

이 말을 듣고도 내가 자꾸만 아이에게 간섭한다는 걸 스스로도 느끼는데 그러면서도 간섭하지 않기가 힘들었다. 하지만 간섭이 확실히 아이의 화를 더 키웠다. 아이가 길에서 먼지투성이 벽을 손으로 쓸고 다니자 할아버지가 그러지 말라고 말렸는데, 그 말을 들은 아이는 더 심하게 만지며 땅바닥까지 손으로 쓸어댔다. 이 청개구리는 간섭을 하면 더 엇나간다.

그런데도 놀이터에서 아이가 친구들과 놀고 있으면 작은 갈등만 생겨도 나는 자꾸만 조바심에 달려가서 중재하려 한다. 아이가 스스로 해결할 수 있도록 지켜봐야 하는데 혹시나 다른 아이에게 해코지할까 봐 내가 지레 겁을 먹는다.

부모 교육을 받은 지 며칠이 지난 날, 아이가 놀이터에서 발을 헛디뎌 넘어졌다. 아파서 울면서 내게 안겼다.

"엄마 때문이야."

순간, 아이의 말에 어떻게 반응해줘야 할지 내 머릿속이 복잡해졌다. 일단 공감부터 해주었다.

"아팠겠다."

"엄마가 왜 안 구해줬어?"

"엄마가 못 봤어."

"엄마 왜 그랬어?"

"넘어진 건 그냥 실수한 거야. 누구 잘못이 아니야."

"엄마가 잘못한 게 아니야?"

"응. 넘어질 수도 있는 거야."

그러니 아이의 입에서 더 이상 원망의 말이 나오지 않았다.

아이는 자다가 꼭 한 번씩 "엄마" 하면서 깨어나는데 아이의 손에 내 팔꿈치를 가져다 대줘야 안심한 듯 다시 잠들곤 한다. 다른 손으로 아이의 손과 깍지를 끼고 보니 갓난아이일 때 조물조물하던 손 감촉이 떠올랐다. 아이에게 어떻게 해줘야 자기 잘못을 잘 인정하고 남을 탓하지 않도록 키울 수 있을지 육아의 길은 참 멀고 아득하다.

한 번 꽂히면 끝까지 해야 하는
아이의 고집 꺾기

아이는 고집스럽게 한 가지에 꽂히곤 한다. 걸음마를 뗐을 무렵에는 에스컬레이터에 열광했다.

"에커! 에커!"

에스컬레이터라고 말도 제대로 못하면서 백화점에 가면 지하 5층에서 꼭대기 9층까지 왕복 두세 번은 기본이었다. 장난감 매장이나 놀이방으로 아이의 시선을 전환하려고 해도 당시에는 에스컬레이터만 타겠다고 드러누웠다. 나는 너무 지겨워서 다른 곳으로 가자고 설득하기도 하고, 일부러 에스컬레이터가 없는 곳을 골라 다니며 그 근처를 지날 일이 생겨도 빨리 피하려고 했지만, 아이를 당해낼 수 없었다.

그다음으로 아이가 빠진 건 도로 안전 용품 중 원삼각뿔 모양의 교통 주차콘이었다. 길을 지나다 보면 공사장이나 도로에 있는 안전 제일 바리케이드나 교통 주차콘을 좋아했는데, 그때는 유아용 교통 주차콘을 거실에 끝없이 늘어놓았다.

2 / 엄마 vs. 아이의 기싸움

장르도 참 다양하게 심취했는데, 할머니가 청소하는 모습이 좋아 보였는지, 아니면 할머니를 도와주려는 것이었는지 아이는 한때 빗자루를 종류별로 사달라고 졸라서는 온 방을 쓸고 다녔다. 옛날에 쓰던 수수 빗자루부터 소형·중형·대형 빗자루까지 골고루 요구했다.

5살 때는 물고기와 사랑에 빠졌다. 옐로탱을 보러 가야 한다면서 유치원도 빠지겠다고 말한다. 매주 두 번은 꼭 수족관에 가고 싶어 하는데, 심할 때는 1시간이나 울면서 수족관에 데려다 달라고 하는 통에 처음으로 연간 회원권을 샀다. 내가 연간 회원권이라는 것을 사게 될 줄이야. 수족관 입장료가 만만치 않아서 부담스러웠는데 어차피 여러 번 가게 될 것까지 계산해보면 회원권을 사는 게 이득이었다.

사실 이런 고집들은 사랑스러운 편이어서 충분히 받아줄 수 있는데 위험한 억지를 부릴 때는 난처하다.

어느 날, 아이는 동네 놀이터에서 3층 높이의 미끄럼틀 지붕에 꽂힌 깃발을 만지고 싶다면서 거기까지 올라가겠다고 떼를 썼다. 일단 아이의 마음부터 읽었다.

"거기에 올라가고 싶었구나. 못 올라가서 속상했겠다."

아이를 안아서 깃발이 조금이라도 더 잘 보이게 해주면서 정말 멋져 보인다며 공감해줬다. 하지만 절대 올라가서는 안 되는 곳이기에 아이에게 규칙을 말해줬다.

"그렇지만 이건 규칙이야. 높은 곳에 올라가면 안 돼. 다칠 수 있어."

하지만 한번 깃발에 꽂힌 아이는 계속 올라가려 했고 30분 가까이 실랑이를 벌였는데도 끝까지 고집을 꺾지 않았다. 그래서 경비실에 가서 경비 아저씨에게 양해를 구하고 아이에게 규칙을 말씀해달라고 부탁했다.

"얘야, 거기에 올라가면 다쳐. 안 돼."

아이는 아저씨에게 주의를 듣고 나서야 "네" 하면서 수긍하고 더 이상 조르지 않았다. 내가 몇 번을 말해도 안 듣더니, 경비 아저씨의 말 한마디는 잘도 듣는다. 그런 아이가 귀여우면서도 엄마가 하는 말에는 믿음이 안 가는 건가 싶어 허무하기도 했다.

나도 고집이 센 편이라 조그만 아이의 고집쯤은 손쉽게 꺾을 수 있을 줄 알았다. 출산하기 전까지는 온갖 육아 방법을 섭렵하며 육아 전쟁에서 백전백승을 자신했다.

그러나 나도 똥고집이지만 아이의 고집은 한 수 위였다. 나는 매번 아이에게 졌고, 46개월이 된 어느 날에는 마음을 다잡고 아이의 고집을 꺾어보려고 했다. 더욱이 그날은 아이가 큰 잘못을 한 날이었는데도 마트에 가자고 생떼를 부렸다.

"오늘은 네가 잘못을 했기 때문에 마트에 갈 수 없어. 잘못을 한 날에는 가고 싶은 곳에 갈 수 없는 벌을 받아야 해."

부모 소모임 시간에 유형별 양육 태도를 살펴보니 나는 너무 자유롭게 풀어놓는 엄마였다. 해결 방안에는 아이에게 제한을 두는 연습을 시키라고 나와 있었다.

그래서 아이에게 지지 않고 나도 규칙을 앞세워 고집을 부렸다. 아이는 제 마음대로 되지 않자 울면서 안기며 애걸복걸했다.

"병 걸린 것 같아. 아픈 병이야. 마음속이 토할 것 같아. 배 아파."

아이는 아픈 핑계를 대며 자기 말을 들어달라고 했다. 그래도 나는 넘어가주지 않았고 아이는 그게 무섭게 느껴졌나 보다.

"귀신 나올 것 같아."

자기 말을 잘 들어주던 엄마가 바뀌니 무섭게 느껴진 걸까. 아이도 혼란스러웠을 것이다.

"나 안고 돌아다녀."

아이는 안정을 찾기 위해 내게 바싹 안겼다. 혼을 내려고만 하면 자꾸 안기는데 그때 아이를 안아주지 말아야 하는 걸까, 내 마음속에서 갈등이 일었다. 육아 프로그램에 나온 대로 단호하게 아이를 눕혀서 압박하며 훈육을 하는 편이 좋을까 머릿속이 복잡했다.

그사이에 아이가 나를 보며 자기 가슴을 잡았다.

"엄마, 여기에 피 났어."

피가 나는 것처럼 느껴질 정도로 아이 마음이 찢어졌다니 안쓰럽기도 했지만 나는 끝까지 등지고 섰다. 결국 아이도 포기하여 울음이 잦아들었고, 언제 울었냐 싶게 장난감을 가지고 노는 데 열중했다.

폭풍 오열을 하던 아이가 아무 일도 없었다는 듯 잘 놀 때면 과자나 장난감을 사주지 않겠다는 것이 제일 큰 협박이 되는 꼬꼬마를 데리고 내가 뭐 하는 건가 싶어졌다. 떼쟁이의 고집을 꺾는 데는 성공했지만 내 훈육이 옳은지에 대한 확신이 없어서 찝찝했다.

이후 '좋은 부모 아카데미'에서 아이의 고집을 꺾는 게 옳지 않다는 걸 알았다. 보통 '고집을 안 잡으면 버릇이 나빠진다. 한번은 꺾어야 한다.'고들 한다. 나도 그 말을 듣고 아이의 고집을 꺾어야겠다고 느꼈기에 그동안 버텨왔다. 그래도 아이의 고집은 잘 꺾이지 않아서 '좀 더 따끔하게 혼내봐라, 그래도 안 되면 매라도 들어봐라.'는 말까지 들었다. 선생님은 부모가 세게 나갔을 때 아이에게 먹혔는지 떠올려보라고 했고, 돌이켜보면 그렇지 않았다. 그 순간에만 아이의 고집이 꺾였을 뿐이다.

김성경 선생님은 풍선을 가져와서 손으로 꾹 눌렀다.

"아이도 이 풍선과 같아요. 손으로 풍선을 누르면 눌린 것 같아 보이죠? 하지만 이렇게 누른다고 풍선이 없어지나요? 아니에요. 옆으로 납작하게 삐져나오잖아요. 아이도 집에서 힘이 눌리면, 그 힘이 정말로 눌린 게 아니라 학교에서 표출돼요."

고집은 꺾는 것이 아니라 인정하고 다뤄야 하는 것이라고 했다. 고집 센 아이는 힘의 욕구가 큰데, 그건 나쁜 게 아니다. 부모에게는 좀 벅차지만 사회에서 존경받는 리더가 될 수 있는 가능성을 품은 것이니 아이에게 넘치는 힘과 고집을 어떻게 써야 하는지 잘 알려줘야 한다.

그 수업이 끝나고 질문 시간을 가졌을 때 나와 비슷한 고민을 하는 엄마가 많았다. 엄마가 다른 사람과 대화하는 중인데도, 특히 전화 통화를 할 때 아이는 기다려주지 않는다. 자기를 봐달라고 고집부리며 울고불고, 심할 때는 때리기까지 한다. 자기를 보라는 아이의 힘의 욕구와 타인과 이야기하고 싶은 엄마의 자유의 욕구가 팽팽히 맞서는 상황이다. 이럴 때 나는 아이의 말을 들어주기보다 기다리는 법을 배울 수 있도록 아이에게 기다려달라고 하는 편이 옳다고 판단했다.

하지만 선생님의 대답은 달랐다. 다섯 살은 엄마를 기다려줄 수 있는 나이가 아니라는 것이다. 선배 엄마들은 여섯 살이 되어도 힘든 일이라고 했다. 대개 엄마들은 아이가 기다릴 줄도 알아야 하는 게 아닐까 하고, 이런 경우에 엄마가 중요한 이야기를 나누는데 방해하면 안 된다고 아이를 혼낸다. 하지만 이런 방식으로는 아이가 상처받고 속상해할 뿐 정작 기다리는 훈련은 되지 않는다.

"너 지금 급해? 엄마를 기다려줄 수 있는 상황이야? 엄마가 뭘 해줬으면 좋겠어?"

기다리라는 말 대신에 엄마는 통화 상대에게 양해를 구하고 엄마를 찾은 아이의 말을 계속 경청해서 그 욕구를 물어줘야 한다.

내 아이는 만화 영화를 볼 때면 항상 엄마인 나와 같이 보려 했다. 내가 설거지를 하거나 책을 보려고 잠시 눈을 돌리는 것도 용납해주지 않았다. 그 수업을 들은 이후, 아이가 이런 행동을 하는 이유는 사랑의 욕구가 큰데 그동안 아이가 원하는 만큼 사랑을 채워주지 못하여 부족했기 때문임을 조금씩 느끼고 있다. 주말에 예방접종을 한 아이가 열이 오르고 두드러기가 나기에 온종일 옆에 찰싹 붙어서 아이에게만 집중하니 만화 영화를 보면서 나를 찾는 빈도가 현저하게 줄었다. 아이의 모든 행동에는 이유가 있다더니, 내 사랑이 고파서 그렇게 모든 걸 함께하려고 나를 불러댔다고 헤아려보면 죄책감에 속이 따갑다.

엄마는 정말 많은 오류를 범한다. 나는 즐거움의 욕구가 커서 자유로운 방임적 양육 태도를 가졌다고 자부했으나 아이의 반응을 보면 간섭도 많은 엄마였다. 그때그때의 상황에 따라 아이에게 자유를 주었다가 간섭도 했다가 오락가락한다. 아이의 고집을 꺾는 일도 여기저기 주위들은 말을 믿고 따른 내 실수였다.

'벌'이라는 단어도 사용하지 말았어야 했는데 아동상담센터에서 조언을 받기 전에는 훈육의 금지어인지 몰랐다. 그리고 아이가 혼날까 봐 두려워서 부모에게 자꾸 안아달라고 하면 일단 안아주는 것이 먼저라고 한다. 지금은 나의 잘못된 훈육들을 반성하고 있다.

부모의 불안감을
강요하지 말 것

　　유독 내 아이는 높은 곳에 올라가는 걸 좋아한다.
식탁과 서랍장은 물론 소파 등받이 위는 아이의 전용석이다. 피아노
나 책꽂이도 사다리까지 동원해 타고 올라간다. 그러면 나는 아이가
떨어져 다칠까 봐 말리느라 애가 탄다. 아이가 내 약을 올리려고 자
꾸 저러나 싶어 화나기도 해서 "위험하다니까!" 하고 소리를 빽 지
르며 강제로 아이를 끌어 내리기도 수만 번이었다.

　며칠 전에 학교 운동장에서 아이와 함께 시소를 타는데 아이가 자
꾸 시소 의자에서 일어나 있겠다고 오기를 부렸다. 그래서 아이가
앉은 쪽을 아래로 내려가게 하면 자꾸만 높이 올려달라고 징징거렸
다. 시소는 오르락내리락 타는 놀이 기구라고, 더구나 높은 데 서 있
으면 떨어져서 다칠 수 있다고 하니 아이가 눈을 동그랗게 뜨면서
대꾸했다.

　"세상을 보고 싶어."

　아이의 황당한 대답에 웃음이 나왔다. 아이가 자꾸 올라가려 하는

건 넘치는 장난기 때문이라고 내 멋대로 미루어 짐작하고 진짜 이유를 알아보려 하지 않았다. 작은 키로는 아직 안 보이는 세상을 더 보고 싶어서라니. 좁은 시야로 보기가 답답하여 높은 곳에 올라서서 넓게 탁 트인 세상을 보려는 마음을 헤아려주지 않고, 나는 무조건 위험하다는 말만 녹음기처럼 반복했다.

아이에게는 모든 게 신기하다. 개미가 빵 부스러기를 물고 가는 것도 놀라운 일이고, 지렁이가 꿈틀대고 있으면 그냥 지나치지 못하고 한참 쭈그려 앉아서 보고 만진다. 내 눈에는 별것 아닌 일들이 아이의 눈에는 대단하고 멋져 보인다. 세상에 대해 궁금한 게 한창 많아지는 시기인데 나는 그 호기심을 억눌러왔다.

육아서에서 아이의 마음을 먼저 읽어주라는 조언을 수없이 봤으면서 막상 그런 상황이 닥치면 조언대로 적용하지 못하고 아이를 지적하기 바쁘다. 하지만 그전에 "왜 올라가려는 거야? 높이 올라가면 뭐가 보여?"라고 먼저 물어줬어야 하는 건 아닐까. 아이의 마음을 헤아리기보다 내 걱정이 앞섰다.

"우와, 우리 아기가 키다리 아저씨처럼 커졌네. 높이 올라가니까 기분 좋지." 이렇게 아이의 기쁨을 나눈 이후에 "그런데 이렇게 높은 곳은 위험하니까 조심해야 해. 여기에서 떨어지면 크게 다칠 수 있거든." 하고 설명해줬어도 늦지 않았을 것이다. 아이는 그저 세상이 궁금했을 뿐인데. 키가 갑자기 커진 것처럼 느껴져 신났을 아이의 감정을 놓치고 위험성만 가르쳤다.

부모는 아이가 다칠까 봐 늘 노심초사한다. 하지만 부모의 불안감을 자꾸만 강요하면 아이의 마음에도 불안감이 새겨진다. 큰일이 난 것도 아닌데 너무 호들갑을 떨며 "위험해! 하지 마!"를 입에 달고 살았다. 정말 위험한 상황이 아니라면 아이에게 이 말을 하는 횟수를 줄이려고 한다.

어른이 사랑의 매를 때리면
아이도 따라 때린다

아이를 올바르게 가르쳐야 한다는 명목으로 때리는 것을 '사랑의 매'라고들 한다. '사랑'이라는 좋은 말을 '매' 앞에 갖다 붙여 잘도 포장해놓았다.

나도 그 '사랑' 덕에 참 많이 맞고 자랐다. 시험 성적이 좋지 않아서 점수가 안 나온 만큼 선생님에게 매타작을 당해 엉덩이에 피멍이 들었으며 늦게 귀가했다고, 거짓말을 했다고…… 그런 이유들로 뺨을 맞기도 했다.

"너 잘되라고 그러는 거야. 나 잘되자고 그러니? 다 너를 위해서야."

그런 좋은 마음을 가지고 있으면서 왜 좋은 말로 하지는 못하는 걸까.

아이를 때리는 순간, 아이는 울면서 나약한 모습을 보이는데 그게 아이의 반성을 의미하는 것이라고 착각한다. 그래서 "말보다는 매가 약이지." 하고 다시는 그런 짓을 못 하게 해야 된다며 손을 든다. 하지만 매는 약이 아니라 독약이다.

아이는 자기 잘못보다 맞았다는 기억이 크게 자리 잡아 이를 갈게 된다. 매는 아이의 마음속에 원망을 키운다는 것을 뼈저리게 깨달았다.

얼마 전, 아이가 자꾸 손가락을 빨아서 말리는데도 말을 듣지 않자 집안 어른이 아이의 손을 툭 치며 때리게 됐다. 이전 같으면 서럽게 울기만 했을 아이인데 갑자기 광분하여 주먹을 휘두르며 때리는 시늉으로 그 어른에게 달려들었다.

처음 보는 아이의 모습에 가족들은 모두 할 말을 잃었다. 어른에게 그런 행동을 하면 안 된다고 단호하게 말해줬지만 그 조그만 아이가 그동안 맞았던 게 얼마나 분했으면 그랬을까 싶어 마음이 아팠다.

아이가 잘못할 때마다 부모가 때린다면 아이는 유치원에서 친구들과 어울릴 때 손부터 나가는 일이 많아지기 마련이다. 유치원에서 아이가 친구를 때리고 온 날에는 아이가 원망스럽기보다 미안하다. 아이는 부모의 거울이라는데 우리가 못난 모습을 보여서 따라 하게 됐구나 싶어 면목이 없다.

아이는 복사기처럼 부모를 모방한다. 버릇처럼 엄마가 입술을 뜯거나 아빠가 머리를 긁는 등 사소한 행동까지 그대로 옮긴다. 이처럼 작은 것들도 기억하는데 아이가 맞았던 충격적 장면들은 마음속에 더 깊이 각인될 것이다.

누군가를 때리는 데 어떤 이유로도 정당화하기는 어려울 것이다. 아이가 손가락을 빤다는 이유로, 그 사소한 잘못으로 손찌검을 한다는 것은 과연 제대로 된 일일까.

"나쁜 짓을 했으면 벌을 받아야지!"

세상에서 가장 못된 짓을 벌이기라도 한 양 노려보면서 어른들은 아이에게 훈계하며 매를 든다. 되려 그 '나쁜 손'이 벌을 받아야 하는 건 아닐까.

아이를 혼란스럽게 하는
엄마 벌레 이야기

흔히 아이가 위험한 짓을 하거나 잘못을 하면 엄마 입에서 단골로 등장하는 사람이 있다.

"경찰 아저씨 온다. 나쁜 사람을 잡아서 감옥에 넣으신대."

엄마들의 구세주 '경찰 아저씨'만 말하면 아이는 정말 범인이라도 된 듯이 도망친다. 이 수법을 자칫 남용하면 해로울 수도 있다.

24개월에서 36개월 사이, 장난이 무척 심해졌을 때 아이가 실수로 할아버지 안경을 깨뜨리는 바람에 할아버지가 화내며 아이를 때렸다. 그때 나는 잘못 처신하고 말았는데, 할아버지가 눈을 다칠 뻔한 상황인 걸 알면서도 아이가 맞았다는 사실만 눈에 들어와서 순간 이성의 나사가 풀려버렸다.

할아버지라도 폭력을 쓰는 건 정말 잘못된 행동이지만 아이가 안경을 깨뜨린 것도 옳지 않은 행동이었다. 그런데도 아이를 달래면서 "때리는 건 정말 나쁜 거야. 누구든 때리면 경찰 아저씨가 혼내러 올 거야."라고 말하고 말았다.

누가 자꾸 아이를 때리는 게 속상하고 너무 화가 나서 "맞으면 너도 때려!"라고 한 적도 있다. 아이에게 보복을 가르치다니 정말 말도 안 되는 잘못된 교육이었다. 다툼이 생겼을 때 아이에게 보복이 아니라 화해하는 방법을 가르쳐줘야 했는데 큰 실수를 범했다.

소위 맘충, 자식 하나 제대로 못 키우는 엄마 벌레. 나도 맘충 같은 행동을 하고 있었다. 엄마라는 이름 안에서 어떤 순간에는 '이 정도는 괜찮겠지.' 하고 옳지 않은 행동을 한 경우도 있었을 것이다. 지금 나는 육아 실패자에 가깝다. 섣부른 걱정으로 아예 실패하지 않는 길만 걷는 것이 최선이라고 판단하지는 않는다. 내가 맘충일지도 모르지만, 만약 그렇다면 하루라도 빨리 고쳐야 한다.

당시에 할아버지와 갈등했을 때 나는 아이에게 "미안합니다. 다시는 때리지 않을게요. 하지만 할아버지도 때리지 마세요."라고 말할 수 있게 알려줬어야 했다.

요즘 아이는 누군가에게 맞고 나면 왜 경찰 아저씨가 안 오느냐며 묻는다.

"엄마, 왜 경찰 아저씨가 지켜주러 안 와? 빨리 출동하라고 신고해!"

내 팔을 흔들며 경찰서에 전화하라는 손동작을 하는 아이를 보니 할 말이 없었다. '경찰 아저씨'는 대책이 아닌데 '때리는 것은 어느 때든 나쁘다'는 것을 알려주려고 했던 말에 나의 화난 감정이 섞여 들어 아이에게 나쁜 영향을 끼치고 있었다.

유치원 선생님과 상담하던 중에 이런 고민을 토로하니 차근히 설명해주셨다.

- 아이가 누군가에게 잘못한 상황이 발생하면 일단 그 사람과 분리한다.
- 아이와 갈등이 생긴 사람에게 훈육하게 하지 않는다.
- 이때의 훈육은 오로지 엄마 몫이다.
- 아이의 잘못에 화내지 말고, 엄마의 감정을 배제한 채 아이의 눈높이에서 훈육해야 한다.
- 할아버지나 가족들과 갈등이 생길 시에 특히 엄마가 나서서 조율해야 한다.

훈육은 엄마 몫으로, 아이가 할아버지나 가족들과는 즐거운 추억을 가질 수 있는 시간과 기회를 주는 편이 좋다고 알려주셨다. 선생님의 조언 중에서 특히 훈육에 감정을 배제하라는 것은 정말 쉽지 않은 일이다. 금방 나아질 수 없고 오랜 시간이 걸리겠구나 마음을 비웠다. 하지만 선생님의 조언 몇 마디가 우리 가족에게 큰 변화를 가져왔다.

아이의 할아버지는 그동안 나를 키우면서 심하게 혼내고서도 미안한 기색조차 없었던 분이다. 손자를 손찌검하고서도 단 한 번도 미안하다는 말을 한 적이 없었다. 그나마 아이가 광분하여 달려든 이후, 할아버지는 되도록 손찌검을 하지 않으려고 노력은 하고 있다.

나는 가족들에게 유치원 선생님과 나누었던 이야기도 들려주고 다 같이 고쳐 나가자고 했다. 솔직히 그렇게 말은 했지만 별로 바뀌지 않으리라고 생각했다. 평생을 그렇게 살아온 사람이 바뀌기란 거의 불가능하니까.

그 이야기를 나눈 날 저녁, 할아버지가 안경을 쓰고 있는데 아이가 또 할아버지의 얼굴을 가격하고 말았다. 할아버지도 놀라고 화난 마음을 참지 못하여 또 손을 들었다. 아이는 울면서 "경찰서에 신고해" 하며 원망을 퍼부었다.

아이가 할아버지의 안경을 깬 건 무려 다섯 번이었다. 탁자에 놓인 안경을 집어던지기도 했고, 할아버지가 눈을 다칠 뻔한 위험한 상황도 많았으며, 눈 근처에서 피가 나기도 했다. 할아버지가 아이를 때린 것은 잘못이었지만, 내가 생각해도 화가 날 만한 상황이었다.

붉으락푸르락해진 할아버지를 보고는 나는 이 상황이 더 악화되기 전에 아이를 데리고 자리를 피하려 했다. 아이와 할아버지를 분리하려고 내가 일어나려는데 할아버지는 잠시 숨을 고르시더니 작은 목소리로 말을 꺼내셨다.

"할아버지가 때려서 미안해."

내 귀가 의심스러웠다. 우리 아버지도 미안하다는 말씀을 할 수 있구나. 우리 가족에게는 정말 혁명적인 일이었다. 60년 가까이 부서지지 않았던 높은 벽이 이렇게 무너질 수도 있구나. 내 속에 자리 잡고 있던 걱정과 원망 덩어리가 떨어져 나간 기분이었다.

아이를 훈육하며 화난 감정을 배제하는 것은 불가능에 가까운 일처럼 느껴지지만, 변화한 아버지의 모습에 나도 희망을 가져본다.

이후에 아이가 할아버지에게건 누구에게건 폭력을 휘두를 때마다 아이를 붙잡고 눈을 마주 보며 훈육했고, 직접 사과하도록 했으며, 심할 경우에는 반성의 시간도 가지게 했다. 간혹 아이를 때려서라도 잘못을 가르치라고들 하는데 그런 말들은 받아들이기 힘들었다. 그러면 아이의 폭력성은 더 심해질 것이다.

어떤 사람들은 왜 할아버지와 같이 있게 하느냐, 그냥 아이와 아예 분리시키고 떨어져서 지내는 것도 한 방법이라고 말했다. 하지만 할아버지와 아이가 겪은 갈등과 비슷하게 엄마인 나를 비롯해 다른 가족들과 아이 사이에도 여러 일이 있었다. 아이와 문제 상황이 생기는 가족마다 분리시키는 것도 답은 아닌 것 같았다.

우리는 가족이다. 아이의 정서에 좋지 않으니 아예 그 상황에서 벗어날 수 있게 해주는 편이 더 이롭지 않을까도 싶었지만, 가족은 언제까지고 회피할 수 있는 관계가 아니다. 더구나 몇 번 분리를 시도하는 과정에서 아이는 그런 상황을 더 불안해했다.

"왜 할아버지 집에 안 가?"

"할아버지 무섭게 변할 때도 있는데 괜찮아?"

"할아버지 보고 싶어."

할아버지는 아이와 충돌하기도 하지만 분명 아이를 깊이 사랑하고 누구보다 잘 놀아주신다. 할아버지와 아이가 함께 있는 모든 시간이 문제라는 것은 아니다.

할아버지는 퇴근 후에는 물론 주말에도 특별한 약속을 거의 잡지 않고 아이와 함께 시간을 보내주신다. 바쁜 사위를 대신해 할아버지가 아빠 역할을 하면서 블록을 맞추거나 공놀이나 몸놀이를 해주신다. 아이도 그런 할아버지를 사랑한다.

아이가 첫 뒤집기를 한 순간, 첫 걸음마를 뗀 순간, 산에 처음으로 함께 올라간 순간, 이런 순간들을 모두 함께한 가족이다. 가족 사이에는 문제가 벌어졌다고 회피해서는 안 된다. 극복이 필요하다. 아이가 학교에 다니게 되면 이보다 더 갖가지 문제가 많이 일어날 텐데, 엄마가 전부 나서서 해결해줄 수도 없고 본인이 겪어나가야 하므로 그럴 때마다 버틸 힘도 그 과정에서 생겨난다.

다행히 아이는 유치원에 잘 다니면서 할아버지와도 좋은 추억을 많이 만들고 있다.

> 야단을 맞으며 자라는 아이들은 비난하는 것을 배운다.
> 격려를 받으며 자라는 아이들은 자신감을 배운다.
> —도로시 로 놀테

아이들은 자라면서 정말 많은 실수와 잘못을 한다. 하지만 계속 알려주면 그 행동이 언제 그랬냐는 듯 고쳐진다. 처음에는 '엄마'라는 단어조차 제대로 발음하지 못하던 아이들이 쫑알쫑알 말하는 걸 보면 그 성장력은 정말 어마어마하니까.

나쁜 훈육은
절대 대물림하지 말 것

　　낯선 사람과 속내를 나누는 건 쉬운 일이 아니다. 하지만 부모들의 공통 관심사인 '육아'를 위해 용기를 내서 유치원에서 열리는 부모 소모임에 나갔다.

　　그런데 부모 소모임의 주제는 육아에 관한 것이 아니었다. 바로 부모 자신을 아는 것. 아이에 대해 교육을 받으러 왔는데 생뚱맞은 주제가 의아스럽기도 했지만, 아이는 부모를 통해 배운다는 말이 있듯이 내 성격이 아이에게 큰 영향을 끼친다고 이해하면 납득하지 못할 것도 아니었다.

　　내 성격에 대해 말하는 것이라면 간단하게 대답할 수 있을지 모르지만 거기에는 부수적인 질문들이 따랐다. '내가 아는 나'와 '내가 모르는 나'에 대해 파악해보고 '자신을 알기'였다.

　　'모르는 나'라고 하니, 아이를 훈육하다 보면 나도 나 자신이 이해가 안 갔던 일들이 떠올랐다. 아이가 밥을 안 먹는다고, 잠을 늦게 잔다고, 위험하게 높은 곳에 올라간다고 호통을 쳤던 내 모습이 기억

났다.

나는 사회생활에서나 지인들과의 관계에서 순한 편으로 화를 내는 일이 거의 없었다. 그래서 내 성격이 온순하다고 스스로도 인정하고 있었다. 하지만 아이와의 관계에서 나는 항상 강자의 입장으로 아랫사람에게 지시를 내리는 갑이었다. 왜 유난히 아이에게는 화를 참지 못하고 소리부터 지르게 될까.

"왜 이렇게 엄마 말을 안 들어!"

이 말을 참 잘도 하게 된다.

아이를 키우는 4년 동안 가장 후회됐던 순간은 키즈 카페 앞에 앉아 과자를 먹겠다는 아이를 억지로 끌고 와서 차에 태운 것이다. '과자까지 사다 줬으니 너는 내 말을 들어야. 과자는 집에 가서 먹어도 되잖아.' 하는 마음으로 분통을 터뜨리며 아이를 안아서 주차장까지 갔다.

아이는 내가 자기 말을 들어주지 않자 그 원망스러운 마음을 내 어깨를 무는 것으로 표출했다. 힘껏 무는 게 너무 아파서 그러지 말라고 했지만 아이는 물고서 놓아주지 않았다. 그래서 나도 아이의 등짝을 세게 때렸다. 그제야 아이는 아파서 '앙' 울면서 입을 벌렸다.

키즈 카페에서 주차장까지 지옥 같은 길을 걸어서 차에 올라타자 눈물이 쏟아졌다. 얼마나 아팠을까 싶어 아이의 윗옷을 올려서 등을 만져보았다. 아이의 등을 보고는 마음이 무너져 내렸다. 내가 바보같이 아이처럼 엉엉 소리를 내면서 우니까 아이도 따라 울었다. 아이와 즐겁게 놀러 와서는 순식간에 초상집 분위기가 되었다.

고작 몇 분이면 충분했을 텐데. 과자 한 봉지 먹는 데 얼마나 걸린 다고 그냥 기다려줬으면 될걸. 아이가 그러고 싶어 하면 별문제가 아닌 이상 차분히 따라줄걸. 뒤늦게 제정신으로 돌아왔다. 2,000원 짜리 과자 한 봉지와 내 이기심으로 아이를 때리다니.

그다음 질문인 '나는 왜 이런 성격을 가지게 됐을까?'를 들을 때는 마음이 저릿했다. 부모의 훈육법이 좋든 나쁘든 모두 아이에게 영향을 미친다는 것을 나도 자라면서 절실히 느꼈기 때문이다.

대부분 그렇듯이 우리 집은 가부장적이고 보수적인 분위기였다. 큰소리와 회초리로 자라왔다. 어린 시절의 기억 중에서 아무리 생각해도 이해되지 않는, 정말 별것 아닌 순간이 있었다. 슈퍼에서 아빠가 원하는 딸기 맛이 아닌 초코 맛 아이스크림을 내가 골랐다고 혼났던 기억이 있다. 왜 내가 먹고 싶은 걸 먹지 못하고 아빠 말을 따라야 하는지 화가 나고 분했다. 어쩌면 당시에 아빠의 입장도 내가 아이에게 강요한 마음과 비슷했을 것이다. 아빠는 '내가 사주는 것이고, 초콜릿보다는 과일이 건강에 좋지.'라고 여겨서 내게도 강요했으리라.

최악으로 기억되는 순간을 내가 아이에게 비슷하게 되풀이하고 있다. 지독히도 싫었던 부모님의 훈계를 나도 아이에게 똑같이 하고 있을 때면 나 자신이 소름 끼친다. 그것이 나쁘다는 걸 알고 그로 인해 내가 고통받았으면서도 어느 순간 욱하며 불쑥 튀어나왔다.

오랜 시간 몸에 밴 습관 같은 것이기에 쉽게 바뀌지는 않겠지만, 내가 성장하면서 나빴다고 기억하는 훈육법은 되도록 아이에게 대물림해서는 안 될 것이다. 그것만은 물려주고 싶지 않다.

눈 깜빡하는 사이에
없어지는 아이

키즈 카페에서 나가려고 사물함에서 가방과 신발을 꺼내고 있었다. 그때 두 살이었던 아이는 바로 내 옆에 있었는데 내가 가방을 메고 사물함을 닫는 사이에 사라졌다. 더 놀고 싶어서 키즈 카페 안으로 다시 들어갔나 하고 둘러봤는데 아이가 보이지 않았다. 입구 앞에 있는 CCTV 촬영 영상을 아무리 들여다봐도 아이는 어디에도 없었다. 설마 밖으로 혼자 나가버린 건 아닌가 싶어 숨이 턱 막혔다. 다행히도 아이는 입구에 꾸며진 편백나무 놀이터에서 놀고 있었다.

"왜 엄마한테 말도 없이 혼자 가."

놀란 마음에 다리가 풀려 주저앉았다. 아이들은 정말 눈 깜빡할 사이에 없어진다더니, 정신을 추스르고 나니 온몸이 땀범벅이었다.

"혼자 가면 엄마 잃어버려!"

이 말을 몇 번씩 하며 당부해도 아이들은 재미있는 게 눈에 보이면 달려가기 바쁘다. 하긴 나도 부모님이 아무리 주의를 주었어도 막상 잘 지키지 않았다. 아이는 거듭 약속해도 당황하면 엄마에게 교육받은 내용들을 다 잊는다.

하물며 나는 초등학교 3학년 때 길을 잃은 적이 있다. 학교 조별 숙제를 하려고 친구네 집에 갔다가 돌아오는 길에 주택가의 미로 같은 골목을 계속 헤맸다. 길을 물어물어 찾아가야 하는데 열 살이나 되었어도 겁에 질려 바보처럼 울기만 했다. 그때 우는 나를 보고 집을 찾아주겠다는 아저씨가 한 명 다가왔다. 부모님에게 받은 교육대로라면 절대 낯선 아저씨를 따라가서는 안 됐는데 참 정신머리도 없지, 그 아저씨를 쫓아갔다. 천운으로 정말 마음씨 좋은 분이어서 우리 부모님에게 전화해주셨다. 그때 엄마는 나를 찾으러 오는 내내 혹시나 나쁜 일이 생길까 봐 놀란 가슴을 부여잡아야 했으리라. 착한 분이었기에 망정이지 그렇지 않았다면 그 결과는 상상하기도 끔찍하다.

이렇게 초등학생이 되어서도 실수하는데 아직 유치원생인 아이는 더할 것이다. 한시도 아이에게서 눈을 떼서는 안 된다는 걸 내 경험으로 잘 알고 있다. 아무리 초등학생이라도 혼자 두는 건 정말 위험한 일이다.

내가 아홉 살 때 피아노 학원에 가고 있었다. 부모님이 일하는 곳에서 불과 몇 층 위라서 혼자 계단을 올라가는데 백발 노인이 내 앞을 가로막았다.

"책 좋아하니? 내가 책 많은 데 데려가줄게."

그러고는 내 몸을 벽으로 밀어붙이고 자기 몸을 밀착했다. 이상한 느낌이 들어 학원에 가야 한다고 몸을 빼냈는데도 노인은 내 손을 잡아끌었다. 내가 따라가지 않겠다고 털썩 앉아버리자 노인은 질질 끌고라도 나를 데려가려는 태세였지만, 내가 계속 완강하게 버티자 그제야 내 손을 놓았다. 나는 얼른 학원 문을 열고 들어갔다. 어릴 때라 그랬는지 선생님이나 부모님에게 말할 용기도 내지 못하고 혼자 겁에 질려 있었다.

내가 이런 일을 겪었기에 아이가 자라서 혼자 학교를 오갈 나이가 되더라도 불안할 것만 같다. 아이를 유치원에 보낼 시기가 되자 아이보다 엄마인 나 자신부터 마음의 준비가 필요했다.

🍃 미아 방지용 팔찌·목걸이·가방

막상 아이를 유치원에 보내려니 너무 걱정스러웠다. '아이가 제멋대로 유치원 문을 열고 밖에 나가서 길을 잃으면 어쩌지.' 아이와 처음으로 떨어지는 거라 근심이 한 보따리였다. 그래서 미아 방지 팔찌를 사서 아이의 손목에 채웠다. 하지만 아이는 차보지 않았던 거라 팔찌를 자꾸 빼려고 했다. 다른 아이들을 보면 어릴 때부터 착용해오던 액세서리는 잘 하고 다닌다. 내 아이의 경우에는 유치원에 입학할 시기에 샀더니 액세서리가 불편하게 느껴져서인지 아직은 서랍 구석에 박혀 있는데 차차 미아 방지 팔찌를 거부감 없이 차고 다니도록 유도해보려 한다.

아이가 어디로 순식간에 튀어 나가거나 또 내가 한눈파는 사이에 사라질까 봐 만 3세까지는 미아 방지 가방을 메고 다녔다. 가방에 긴

끈이 달려 있어서 아이가 너무 멀어지지 않도록 엄마가 잡을 수 있다. 아이가 갑자기 차도로 뛰어들기도 여러 번이어서 이 끈 가방 덕분에 사고를 막을 수 있었다. 아이는 만 4세가 되어서도 친구가 뛰어가면 덩달아 찻길을 건너려는 통에 차에 치일 뻔한 적도 있다. 일각에서는 미아 방지 가방의 이 끈이 아이의 인권에 문제가 되는 것이 아니냐는 말도 있지만 아이의 안전을 위해서는 어쩔 수 없는 예방책이다.

🪶 미아 방지 지문

유치원에 가기 전, 아이와 같이 집 앞 파출소에 가서 미아 방지 지문도 등록했다. 너무 어린지라 아이의 지문이 잘 찍히지 않아 6개월 뒤에 다시 가서 찍어야 했지만, 그래도 안 해놓는 것보다는 안심이 되었다.

🪶 '낯선 사람을 따라가면 안 돼요!' 상황 놀이·노래·동화

아이가 유치원에서 노래를 배워 왔는데 모르는 사람을 따라가면 안 된다는 내용이었다. 아이와 함께 노래를 부른 후 내가 낯선 사람이 되어서 상황극을 해봤다. 아이는 노래 내용대로 대답했다. 사탕과 장난감으로 유혹했는데도 꿋꿋하게 버티는 모습이 대견했다. 아이에게 경각심을 심어줄 수 있는 내용의 동화책도 계속 읽어주고 있다.

앞으로 초등학생이 되면 아이가 혼자 학교를 오갈 줄 알아야 하는데 내 불안으로 아이를 과잉보호하면 어쩌나, 벌써부터 걱정이 떨쳐지지 않는다. 하지만 언제까지나 내가 아이 옆을 졸졸 따라다닐 수는 없다. 아이가 나 같은 실수를 하지 않도록 당부하는 것은 물론 위험한 상황을 가정하고 여러 번 연습해서 몸에 배도록 해야겠다.

엄마는
초능력자

    아이가 생후 20개월일 무렵, 결혼기념일에 남편에게 프러포즈를 받았던 식당에 갔다. 그때는 요리를 할 때 켜는 가스 불을 아이가 유독 무서워한 시기였다. 그날도 가스 불 때문에 아이가 엉엉 우는 바람에 밥을 잘 먹지 못해서 그냥 나가려고 했는데 식당 직원이 아이를 달래기 위해 보랏빛 풍선을 하나 쥐어줬다.

  아이는 둥둥 떠 있는 풍선을 난생처음 손에 쥐어봤고, 그 덕분에 잠시나마 평화롭게 밥을 먹을 수 있었다. 식사를 무사히 마치고 차에 타려는데 가방에 묶어놓았던 풍선의 매듭이 약했는지 스르륵 풀리면서 풍선이 날아가고 말았다.

  잡을 새도 없이 날아간 풍선을 보며 아이는 눈물이 터졌다. 많이 속상하겠다 싶어 다독이면서 차에 올랐는데 아이의 눈물은 쉽게 멈추지 않았다. 30분 가까이 목청이 터져라 울어대는 아이 때문에 남편은 운전에 집중할 수 없었다. 생전 큰소리 한번 안 내던 순한 남편은 처음으로 호통을 쳤다.

"다시 사준다니까. 그만 울어."

아이에게는 다음에 사준다는 회유도 통하지 않았다. 고작 풍선 하나가 날아갔을 뿐인데 세상을 다 잃은 듯 슬퍼했다. 아이한테는 오직 하나뿐인 풍선이었기 때문이리라. 그런 풍선이 눈앞에서 그만 사라졌으니 얼마나 마음이 아팠을까. 그렇게 이해하고 보듬어줘야 했는데 그때는 아이가 원망스러웠다.

풍선은 숨을 불어넣어주는 만큼 커져서 둥실둥실 잘 떠다니다도 작은 바늘 끝에도 빵 터져버린다. 아이의 기분도 풍선과 닮았다. 잔뜩 신났다가도 자기 기분을 조금이라도 알아주지 않으면 아이는 울음보를 빵 터뜨린다. 하지만 풍선은 언제고 다시 사줄 수 있지만, 내가 이런 상황들을 잘 대처하지 못하다 보면 아이의 성난 마음은 다시 되돌릴 수 없을 것 같아 두렵다. 그 마음을 제대로 잡아주지 못하면 영영 날아가버리지 않을까 무섭다.

사탕을 사달라고 울고, 장난감을 가지고 싶다고 떼쓰고, 블록이 마음대로 만들어지지 않는다고 뒤집어지고……. 이런 비슷한 상황이 닥칠 때마다 이성으로는 평정심을 유지해야지 하면서도 덩달아 감정적으로 욱하지 않는 것이 정말 어렵다. 아이를 잘 달래지 못하는 일이 반복될수록 엄마인 내 능력 부족이라고 좌절한다.

'나는 엄마가 되어서는 왜 이렇게밖에 하지 못할까?' 또 습관처럼 자책하다가, 어쩌면 내게도 엄청난 능력이 숨겨져 있을지 모른다는 엉뚱한 결론으로 매듭지어졌다.

얼마 전, 만화영화 〈인크레더블〉에서 초능력 있는 주인공들을 보고 나서 아이가 물었다.

"엄마는 왜 초능력이 없어?"

"그러게. 엄마는 없어. 엄마도 초능력이 있었으면 좋겠다."

내가 대답했는데도 아이는 몇 번이고 되물었다. 아이들은 끊임없이 다시 물어보니 계속 대답해주는 수밖에⋯⋯. 그렇게 초능력이 없어서 속상하다는 말을 열 번쯤 하고 나니 같은 답을 되풀이하기에 힘이 빠져서 한숨을 쉬다가 문득 희한한 발상이 떠올랐다.

아무리 미운 짓을 해서 속이 터지더라도 다 참아내고 아이를 사랑하는 능력, 그게 바로 초능력이 아닐까 싶었다. 하루에도 몇 번씩 밉기도 하지만 그런 와중에도 결국 아이를 사랑하는 초능력.

이미 하늘로 날아간 풍선을 다시 잡아올 수 있는 초능력은 없지만, 언제 터질지 모르는 풍선같이 여린 아이를 꼭 껴안고 사랑할 수 있는 엄마의 능력은 초능력 못지않은 엄청난 파워인 것 같다.

나도 '엄마'라는 역할을 처음 맡았고,
아이도 '첫' 세상에 발을 내 딛었으니
이제 막 출발점에 서 있을 뿐이다.

아이는
유치원에서
세상을 배운다

3

아이가
유치원에 간다는 것

놀이터에서 놀다 보면 아이가 미끄럼틀을 차지하고 비켜주지 않을 때가 있다. 양보하는 마음이 생기기가 아이에게는 아직 어려운 일일 수 있으니 기다려줘야 하므로 성급한 마음을 애써 누르고 꺾었다. 아이에게 세상의 중심은 오직 자기 자신일 테니까. 하지만 사탕을 친구와 나눠 먹기 싫어서 혼자만 먹겠다고 욕심부리며 울어대는 걸 보니 인내로 다잡았던 마음이 또 흔들린다. 보통 아이들이 대부분 그런다고는 하지만, 또래 친구들이 양보도 하고 다른 아이에게 먹을 것을 나눠주면서 잘 지내는 모습을 보면 어떻게 해야 그런 감정들을 내 아이에게 잘 알려줄 수 있을까 고민스러워진다.

남에 대한 배려가 부족하다는 건 공감 능력이 떨어진다는 의미일 수도 있겠다 싶어서 염려했다. 친구의 속상한 마음을 이해하지 못하니 제멋대로 행동하는 것이다. 주변 지인이나 선생님도 아이가 친구를 때리고 장난감을 뺏는 이유는 그렇게 하면 상대방이 속상해하고 아플 거라는 의식을 하지 못해서이기 때문이라고 했다.

🌲 아이가 나아질 때까지 참고 기다려라

친구를 때리거나 양보하지 않으면 다른 친구가 어떤 기분을 느낄지 아이에게 말로 설명해주는 것이 먼저이지만 내가 얘기하는 동안 아이는 차분하게 기다려주지 않았다. 손을 휘두르면서 내 이야기를 듣지 않으려 했다. 아이가 문제 행동을 했기에 어느 육아 프로그램에서처럼 손발을 제압하는 훈육을 했지만 내 아이에게는 역효과였다.

그래서 부모 뜻대로 아이를 통제하기를 포기하고 묵묵히 기다려주면서 아이가 잘못해도 화내지 않고 말로만 타이르는 방법도 써봤다. 팔랑귀 엄마라 어떻게 해야 옳은지 판단하기 어려웠다.

이에 대해 유치원 선생님과 상담하니 다른 또래 아이들도 마찬가지이니 너무 염려하지 말라고 내 불안을 덮어주셨다. 아이들이 처음 단체 생활을 하면서 기관에서 지낼 때 으레 겪는 성장 과정이라고.

우려했던 문제 행동들은 아이가 유치원에 다닌 지 불과 3개월 만에 많이 개선되어 친구들과도 잘 어울렸다. 그렇게 서서히 나아진 아이는 2학기가 되자 선생님과 엄마들의 눈에도 띌 만큼 변했다. 엄마의 말보다 선생님의 말이 더 효과적이었기 때문일 수도 있다. 아이는 여느 아이들처럼 개구쟁이라 장난을 많이 친다. 그러나 이제 아이는 친구들과 사이좋게 잘 지낸다고 칭찬도 받는다. 유치원이 끝나고 놀이터에서 놀 때 친구가 자신을 때리더라도 방어하기만 할 뿐 공격적인 행동이 튀어나오지 않았다.

"친구야, 그러면 안 돼. 미안하다고 해."

유치원 선생님이 말해주신 문어체 그대로 따라 하긴 하지만, 그 말이 반사적으로 나온다는 건 아이가 많이 변화했다는 뜻으로 여겨진다. 방학이 지나서는 규칙도 부쩍 잘 지켜서 기뻤다. 불과 한 달 전만 해도 걱정이 컸는데 이제 누가 밀거나 때리더라도 말로 해결하려 시도한다.

❄ 유치원에서 즐겁게 놀다 오라고 응원하라

유치원에 가고 나서 처음 2주 동안 아이는 아침에 깨자마자 걱정으로 낑낑거렸다. 집에 있고 싶다며 울면서 옷을 입지 않으려고 발버둥 치는 아이를 보면, 이렇게 싫어하는데 유치원에 보내는 것이 맞나 고민스러울 정도였다. 아이가 통원 버스를 타고 20분 내내 훌쩍거렸다고 하니 가슴이 미어졌다.

그런데 할머니와 내가 언어를 바꾸면서부터 아이가 유치원에 가는 걸 즐거워했다.

"절대 친구를 때리거나 괴롭히면 안 돼."

이런 당부만 하다가 하루는 바꿔봤다.

"오늘도 유치원에서 신나게 놀다 와. 친구들하고 재미있게 지내."

당부보다는 유치원에서 즐겁게 놀다가 집에 돌아오라는 말들로 아침을 맞이하니 아이의 불안도 사라졌다.

❄ 아이의 유치원 생활을 구체적으로 칭찬하라

아이를 기다려주고 긍정적인 마음으로 대해야 하지만 그런 다짐이 흔들릴 때가 많다. 그런 나 자신에게 다시 주문을 외우듯이 아이의 좋은 점을 바라보려고 일부러 칭찬을 내뱉기도 한다. 그런데 어느 순간 칭찬해주면 아이가 반대로 대꾸했다.

"우리 아가 대단해."

"하나도 안 대단한대."

장난을 치는 것이긴 하지만 아이 스스로도 자신이 칭찬받을 일을 하지 않았다고 여기는 것 같았다.

'좋은 부모 아카데미' 선생님은 독이 되는 칭찬과 약이 되는 칭찬이 있단 걸 알려주셨다. 결과와 평가 중심의 칭찬("완벽해." "100점이야." "최고야!")이나 아이의 능력과 지능을 언급하는 칭찬("똑똑해." "천재인데!" "머리가 좋아."), 사소한 일에도 남발하는 칭찬("잘하는데!" "멋지다." "대단해.")은 독이 되는 칭찬으로 금물이다. 약이 되는 칭찬은 아이가 뭔가를 해내는 과정과 거기에 들인 노력에 눈길을 준다. 가령 아이가 유치원에서 뭔가를 만들어 가져오면 "예쁘다."고만 하지 말고, "처음으로 만들었구나. 가위질도 쉽지 않았을 텐데 애써서 잘 만들었네." 하고 결과물보다는 아이가 만든 과정과 노력에 초점을 맞추면서 감동이나 감탄을 표현해야 한다.

얼마 전에는 아이가 친구를 때렸다는 말을 유치원 선생님에게 전해 듣고는 심란했는데, 이번 주에는 친구도 때리지 않고, 질서를 잘 지키며, 훌륭하게 생활했다고 했다. 친구들 앞에서 칭찬도 많이 받았다고 한다.

"친구들한테도 오늘 아이가 어땠느냐고 물어보니, 처음에는 친구들을 불편하게 했지만 오늘은 진짜 착해졌다고 말해줬어요. 친구들하고 손을 잡거나 안아주는 애정 표현을 정말 잘해요."

말썽쟁이 아이가 그동안 친구들을 얼마나 괴롭혔으면 착해졌다는 말이 나올까 죄송하기도 했지만 이제 달라졌다는 말에 안심이 되었다. 주말에 아이를 많이 혼냈다고 고백하니, 선생님은 혼을 내기보다는 칭찬을 해줘야 한다고 조언했다. 영혼 없는 칭찬이 아니라 구체적으로 어떤 행동이 칭찬받을 만한지 말해줘야 한다는 것이다.

"아이에게는 칭찬 효과가 큰 것 같아요. 그냥 멋졌다가 아니라 구체적인 행동을 들어서 칭찬해주면 아이는 그렇게 행동하려고 노력해요. 이렇게 말해주세요. '오늘 몸으로 말고, 말로 많이 하려고 노력하고, 밥 먹을 때도 손 무릎 하고 기다려줬지. 그래서 선생님도 다른 친구들도 행복하고 기분 좋았대. 오늘 네 기분은 어땠어?'라고 물어봐주세요."

선생님이 아이를 긍정적으로 바라보고 칭찬해주니 친구들의 시선도 많이 바뀌고 편견이 없어지는 것 같다. 아이가 어떤 행동을 잘했는지 세심하게 칭찬해줘야겠다. 왜 친구를 때렸느냐고 언성을 높이는 것은 화를 내는 것이지 훈육이 아니라는 것을 깨달았다.

"친구 장난감을 가지고 싶을 때는 몸으로 뺏는 게 아니야. '친구야, 네 장난감이 멋져 보여서 나도 가지고 놀고 싶어.' 하고 얘기하자."

이런 문제는 비단 내 아이뿐만 아니라 유치원 학기 초의 남자아이들에게 많이 나타난다고 한다. 어느 날에는 아이가 친구에게 "방구뿡! 방구 뿡!" 노래를 계속 불렀다고 한다. 장난이었지만 그 노래를 듣는 친구는 기분 나쁘다고 그러지 말라고 했는데 아이가 멈추지 않자 쓰레기통을 던졌다. 그 쓰레기통에 맞아서 아이는 이마를 다치고 말았다. 어른들도 비하하는 말을 들으면 기분이 나빠서 욱하는데 아이들은 자제력이 훨씬 부족하므로 격하게 반응했을 것이다. 몸이 먼저 나가는 행동을 하지 않도록, 말로 표현할 수 있도록 도와줘야겠다.

　나의 '첫'사랑이자 무엇보다 소중한 자식을 믿고서 힘을 실어줘야 한다. 유치원에 간다는 것은 처음으로 엄마 품에서 떨어진다는 것을, 그것도 엄마 없이 오로지 혼자 겪어내야 한다는 것을 의미하므로 아이가 얼마나 두려울지 안다. 엄마가 옆에 없더라도 사라진 게 아니라고 아이에게 계속 말해줘야 한다. 자신을 데리러 오지 않으면 어쩌나 불안하겠지만, 집으로 돌아오면 엄마가 짠 하고 기다리고 있다는 걸 서서히 알아가겠지.

　아이의 문제 행동이 쉽게 고쳐지지 않아서 어떻게 알려주면 좋을지 여전히 매번 좌절하곤 한다. 그래도 아이가 잘못도 하지만 칭찬받을 일도 많이 한다고 유치원 선생님이 알려주신 게 많은 도움이 됐다. 선생님의 별것 아닌 그 말 한마디가 정말 힘이 되었다.

　누군가의 작은 응원이 별것 아닌 듯해도 아주 큰 힘이 된다. 육아에 지친 엄마에게도 응원이 필요하지만, 누구보다 가장 응원을 필요로 하는 사람은 아이 자신일 것이다. 엄마는 하루하루 아이와 같이 응원으로 쑥쑥 자라고 있다.

나도 '엄마'라는 역할을 처음 맡았고, 아이도 '첫' 세상에 발을 내딛었으니 이제 막 출발점에 서 있을 뿐이다. 시작도 제대로 하지 못하고 벌써 지치면 안 된다고 불안을 달래며 힘을 내본다.

"우리 서로를 응원하자! 힘내자, 아가야!"

친구야,
미안해

아이가 유치원에 가기 전까지 우리는 한 번도 떨어져본 적이 없었다. 어린이집에 보내지 않아서 단체 생활 경험이 전무한 데다가 아이가 평소에 집에서 할아버지를 비롯해 가족 모두에게 휘두르는 손버릇이 사나웠기에 더욱 우려했다. 게다가 화나면 누가 되었건 몸을 할퀴는 통에 습윤 밴드를 항시 구비해둬야 했다.

아이가 유치원에 간 지 5일째, 기어이 친구 얼굴을 긁었다는 연락을 받았다. 유치원에 있는 장난감 스쿨버스를 서로 가지고 놀겠다며 싸운 것이다. 그동안에도 다투었다는 말을 들었지만 상처를 냈다니, 친구에게도 그 부모님에게도 죄송스러웠다. 흉이라도 나면 정말 큰 일이었다.

약국으로 달려가 습윤 밴드를 사고, 친구와 그 부모님에게 편지를 썼다. 시간이 된다면 직접 만나서 아이가 친구에게 정식으로 사과하게 하고, 부모 자신도 사죄해야 한다. 머리 숙여 미안한 마음을 전하는 것으로 폭력의 상처가 지워지지는 않겠지만 조금은 덜 아프게 해주고 싶었다.

유치원에 간 지 막 한 달을 조금 넘겼을 때 폭력 빈도가 조금 줄어들고 친구들에게 상처까지 내지는 않았지만, 그래도 손이 먼저 나가는 일들이 생겼다. 아이가 같이 놀던 친구의 얼굴을 때려서 울린 적도 있는데 그때도 미안함에 아이와 그 부모님에게 사과하고 편지를 전했다.

"미안해. 친구야, 맞아서 많이 아프고 속상했지. 아줌마가 그러지 않도록 잘 알려주고 타이를게. 앞으로 친구랑 사이좋게 지내는 방법을 가르치도록 노력할게. 우리 같이 유치원에 즐겁게 다니자."

고맙게도 친구도 아이더러 제일 좋아하는 친구라고 말해주고, 그 부모님도 아이들이 커가는 과정이라며 이해해줬다. 언제 다투었느냐는 듯 놀이터에서 함께 시소를 타며 웃는 두 아이를 보며 무거운 마음이 풀리고 희망도 조금 보였다.

흔히 어른들이 하는 "아이들은 치고 박으며 크는 거지. 아이니까 그럴 수도 있지, 아이가 걔를 좋아해서 자꾸 건드리는 모양이네." 같은 말들의 위험성을 잘 안다. 폭력은 무엇으로도 정당화될 수 없는 것이다.

처음 있는 일이고 단지 아이라고 해서 봐줄 수는 없었다. 장난이었고 그 정도가 약했다고 해서 대충 무마하면 안 되는 일이다. 폭력을 장난으로 치부하는 것은 가장 위험한 행동이다. 흔한 성장 과정의 일부라고 방관해서도 안 된다.

아무렇지 않게 폭력을 쓴다는 건 아이에게 잠재하는 기억 속에 문제가 있다는 뜻이다. 아기일 때 충격적일 만큼 크게 혼난 적이 있고 그때 받은 상처가 덧나서 그 기억이 폭력으로 표출된다고 여겨진다.

아이가 아기 적 일을 설마 기억할까 싶겠지만 정말 거짓말처럼 생생하게 간직하고 있다. 만 네 살이 되었을 때 남산에 놀러 가자고 하니까 아이가 가기 싫다고 버텼다. 그 이유를 물어보니 "풍선이 날아갔잖아."라고 아이는 대답했다. 결혼기념일이라서 생후 20개월인 아이를 데려간 남산 레스토랑에서 직원이 풍선을 선물로 줬는데 그 풍선이 날아가서 아이가 펑펑 울었던 적이 있었다. 그 오래된 일을 또렷하게 기억했다. 또 아이가 24개월 때 어느 초등학교를 걸어가다가 화장실에 가고 싶어 했던 일까지 세세하게 말하고 어떻게 행동했는지 재현했다. 심지어는 아이가 생후 12개월에 차 안에서 응가를 하는 바람에 아빠가 냄새 난다고 차창을 열었던 것까지 기억해내고는 제 코를 막으며 아빠 시늉을 하는 모습을 보면 정말 놀랍다.

예전에는 내가 '자식 교육 똑바로 시켜!'라는 말을 듣는 부모는 되지 않겠지, 라고 자신만만해했다. 하지만 자식을 잘못 교육한 부모가 되고 나니 그 말이 가슴에 콱 박힌다.

아이도 유치원 생활을 하느라 스트레스를 받았겠지만 아이가 친구를 다치게 했다는 연락을 처음 유치원에서 받고 나니 온몸이 떨리고 두려웠다. 내 아이가 한 일은 내가 한 일과 다를 바 없으니까. 이런 연락을 받을 수도 있지 않을까 예상했지만 그 충격은 상상했던 것보다 컸다.

아이의 폭력성이 서서히 나아지리라 믿지만 만약 나아지지 않는다면 내 아이가 학교 폭력의 가해자가 될 수도 있다. 아이가 자라면서 정서적 폭력으로 친구를 괴롭히게 되지는 않을까도 걱정되어 거듭 주의하고 있다.

내가 초등학교에 다닐 때 한창 '왕따' 문제가 사회 이슈로 떠올랐다. 나도 그 분위기를 비껴갈 수 없었고 두려움에 떨어야 했다. 내 아이와 친구들에게 이런 고통을 겪게 하지 않으려면 어쩌면 좋을지 부모의 머릿속은 복잡해진다.

🐛 때찌때찌! 사소한 말도 주의할 것

엉금엉금 기어 다닐 시기가 되거나 걸음마를 배울 때면 아이는 수없이 넘어지고 부딪힌다. 아이가 돌멩이에 걸려 넘어지면 부모가 달려와서 이런 말을 하곤 한다.

"누가 우리 아기를 아프게 했어! 이 돌멩이가 아프게 했구나. 때찌때찌! 우리 아기를 아프게 하지 마!"

우는 아이를 달래려고 장난치듯 하는 말이다. 하지만 이 말이 자칫 아이에게 공격적 성향을 심어줄 수 있다고 한다. 돌멩이라는 사물에 책임을 전가하는 것이기 때문이다.

'고작 이런 사소한 말이 왜?'라는 물음표가 내 머릿속에 그려졌다. 그런데 이런 일이 한두 번이 아니라 매번 반복된다면 아이의 무의식 속에서는 그런 기억들이 쌓이고 뭉친다. 아이는 잘못을 저질렀을 때

자기 실수를 돌아보는 게 아니라 남을 탓하게 된다.

아이가 다치거나 잘못했을 때는 "아팠겠구나."라고 공감해준 후 그 상황을 읽어주는 연습을 부모부터 해야 한다.

친구 입장에서 생각하는 친구 역할 놀이

아이가 집에 돌아오면 함께 친구 놀이를 하면서 친구가 가지고 노는 장난감을 힘으로 빼앗지 않고 "친구야, 빌려줄 수 있어?"라고 먼저 물어보는 연습을 했다. 손을 휘둘렀을 때는 아이의 양손을 강하게 잡고 두 눈을 똑바로 바라보며 잘못이라 말해줬다.

몇 번이고 큰소리로 윽박지르고 싶은 마음을 누르기가 쉽지 않았다. 하지만 소리를 지르는 것도 아이의 마음에 흠집을 내는 일이니 역효과만 더 날 수 있다.

엄마 입장에서 훈계하기보다 친구 입장으로 규칙을 알려주면 좋을 것 같아 친구 놀이로 시도해보면 효과가 괜찮았지만 아이가 거부 반응을 일으킬 때도 있었다. 게다가 아이가 친구 놀이를 하기 싫어할 때는 생소한 눈빛으로 나를 바라본다.

"엄마 누구야? 선생님 해야겠어? 친구 놀이 하지 마!"

아이가 정색하며 친구 놀이를 하지 않겠다고 할 때는 아이가 원하는 놀이를 하도록 두었다. 친구 입장에서 생각하는 연습도 필요하지만 반발심을 불러일으킬 수 있으니 일단 아이 입장에서 실컷 놀게 해준 후 또래 관계에 대한 교육을 하는 편이 낫다.

🐾 물감 범벅 놀이

아이의 정서 안정에 좋다는 물감 놀이를 하려고 미술 세트를 구입해서 손이며 발이며 물감 범벅인 채 놀았다. 억눌렸던 아이의 스트레스가 조금이나마 풀리길 바라면서.

🐾 쌀, 현미, 찰흙 등으로 촉감 놀이

집에서 쉽게 구할 수 있는 쌀과 현미로 촉감 놀이를 했다. 정서 치료에도 사용되는 모래 놀이와 비슷하게 아이의 정서를 안정시키는 데 효과적이라고 한다. 장난감 삽과 포크로 양동이에 쌀을 담으며 비처럼 흩뿌리는 것만으로도 아이는 자지러지게 웃었다. 매트 여기저기에 낟알이 끼어서 난감하긴 하지만 부드러운 감촉이 아이를 편안하게 해주는 것 같다.

이외에도 아이 놀이용으로 편백나무 큐브를 따로 판매하기도 한다. 아이는 향긋한 냄새를 맡으며 온 방에 뿌려대고 그 조그만 큐브를 쌓으며 논다. 아직까지 찰흙으로는 별 모양을 만들지 못하고 잔뜩 쥐었다가 쭉 늘여서 실처럼 되는 걸 보고는 거미줄 같다며 좋아한다.

🐾 물놀이, 거품 놀이

아이가 워낙 물을 좋아해 하루에 한 번은 대야에 물을 잔뜩 채우고 핸드워시를 눌러 거품을 만든다. 아이는 온몸에 거품을 묻히고, '호호' 불어 날리고, 물놀이용 낚시 장난감으로 물고기 잡기 놀이를 한다. 천장과 사방에 물총을 쏘아대고, 손이 쭈글쭈글해질 때까지 놀아야 아이의 직성이 풀린다.

이런 놀이들로 훈육해도 아이의 폭력성이 금방 고쳐지지 않으리라는 것을 안다. 아이의 잘못이기도 하지만, 아이를 잘 가르치지 못한 엄마인 내 잘못, 가족 모두의 잘못이다. 뭐든 모방하는 아이 앞에서 옳은 일만 했다고 단언할 수 없고, 과한 훈육과 손찌검이 고스란히 아이에게 영향을 주었다. 오늘 밤에도 아이는 잘 자다가 잠꼬대로 "때려!" 하며 손으로 베개를 두 번 내려치더니 다시 잠들었다. 그런 아이를 보니 아직도 한참 멀었구나 싶어 마음이 아팠다.

그런데 여름방학이 지나고 2학기를 보내면서 아이의 폭력성이 한결 수그러들어 오히려 친구에게 맞고 올 때가 더 많아졌다. 이 부분도 부모가 어떻게 대처해줘야 할지 조심스럽다. 아침에 유치원 버스를 기다리는 동안 친구가 가방에 달고 온 예쁜 인형을 아이가 만졌더니 친구는 싫다며 아이를 쳤다. 아이는 놀랐는지 가만히 인형만 바라보고 있었다. 나도 당황해서 멈칫했다.

"네가 친구 인형을 만지는 게 싫었나 보다. 너도 많이 놀랐지." 하고 다독이기만 했다. 아직 자라나는 아이들이라 말로 표현하기보다 몸이 먼저 나가게 된다. 내 아이가 그랬듯이 친구도 서툰 것뿐이니 이런 상황에서는 부모가 당황하지 않고 잘 중재해줘야 한다. 다음에는 "친구야, 나 아팠어. 때리지 마. 말로 해줘."라고 말하는 법을 일러줄 것이다.

또 아이는 유치원에서 친구들을 쓰다듬어주길 좋아하는데 다른 아이들이 그걸 불편해하기도 한다. 아이의 애정 표현을 공격으로 받아들일 수 있으니 그때는 어떻게 대응할지, 친구가 싫어하지 않는 선에서 호감을 표현하려면 어떻게 해야 할지 부모인 나도 공부해서 아이와 집에서 같이 연습하고 있다.

아이의
인내심 테스트

아이가 3월에 유치원에 입학한 후 3개월 가까이 되면서 아이의 폭력성이 없어졌다고 치부했다. 하지만 위기는 방심할 때 찾아온다고 했던가. 어김없이 또 나를 시험에 들게 했다.

유치원에서 돌아온 후 아이는 항상 같은 반이었던 두 친구와 놀이터에서 놀았다. 당시에 그 두 아이가 잘 놀다가 아옹다옹하더니 급기야 한 아이가 울고 말았다. 엄마들이 다른 아이에게 "혹시 네가 물었어?"라고 물으면서 우는 아이가 다쳤을까 걱정했지만, 다행히 몸싸움은 없었는지 곧 울음이 잦아들었다.

그때 내 아이는 그저 옆에서 친구들을 바라보기만 했다. 친구들의 다툼이 진정되고, 세 아이가 다 같이 미끄럼틀로 향했다. 엄마들은 그 아래에서 아이들이 노는 모습을 지켜보고 있었는데 갑자기 또 울음소리가 들렸고, 한 친구가 엎드려서 울고 있었다.

"무슨 일이야?"

"내가 물었어."

"친구 아프잖아! 그러면 안 돼! 왜 그랬어?"

"친구가 좋아서 그랬어."

아이는 해맑게 대답했다. 너무 황당했다. 애가 미쳤구나.

아이를 붙잡아 따끔하게 혼내고, 아픈 친구의 상처를 보여주며 사과하게 했다. 친구와 같이 약국에 가서 밴드를 사면서도 그 친구의 엄마에게 거듭 죄송하다고 말씀드렸다.

집에 가서도 그러면 안 된다고 아이를 꼭 붙잡고 눈을 보며 말했고, 남편도 호통을 치며 혼내니 아이는 겁이 나서 눈물을 흘렸다.

"잘못했어요. 다시는 안 그럴게요. 죄송합니다."

이제 더는 '내년이면 나아지겠지, 아직 친구들과 어울려본 경험이 부족해서 그런 거야.' 하고 아이가 저절로 나아지기를 기다려줄 수 없다는 판단이 섰다.

"아이들이 다 그러면서 크는 거지, 요즘 엄마들은 아이가 조금만 잘못해도 아동상담소에 가려는데 그럴 필요 없어요."

선배 엄마들과 가족들이 이렇게 말하기 일쑤여서 그동안에는 매번 상담을 받으러 갈까 망설였다.

'그래. 내가 너무 과민하게 구는지도 몰라. 아이들은 자라면서 말썽을 부리기 마련이니까 부모만 잘하면 돼.'

내가 바꾸어야 할 문제라고 여겼다. EBS〈부모〉프로그램에서 일하며 배운 훈육법을 적용하면 되겠다는 자신감도 있었다. 하지만 지금은 그런 자신감 때문에 아이가 더 망가질 수 있겠다 싶었다. 더구나 친구에게 해를 입힌 이상 그냥 두고 볼 수 없었다.

심각한 일이었다. 집 근처에 있는 아동상담센터로 가서 가장 빠른 시간으로 예약해달라고 부탁했고, 다음 날 상담 약속이 잡혔다.

또 유치원에 전화해서 아이의 잘못을 알렸다. 나와 가족들이 모두 하루 종일 아이에게 주의를 주고 혼낸 상태였지만, 담임선생님의 훈육이 절실했다. 아이의 상황을 전하고 아동 상담 예약을 했다는 이야기까지 하고 나니 참았던 눈물이 쏟아졌다.

나는 바보 엄마이다. 침착하지 못하고 감정이 앞선다. 우는 나를 달래면서 유치원 선생님은 보통 1년을 기다려야 아이가 좋아진다고 했다.

"많은 기다림이 필요해요. 아이는 겨우 만 세 살에 불과하잖아요. 눈에 보이는 변화를 가져오기에는 아직 시간이 더 걸리니 무엇보다 어머님이 마음을 담대하게 먹으셔야 해요. 지난해에도 좋아하는 마음을 때리는 걸로 표현하는 친구들이 많았어요. 1년 동안 그걸 바로잡기 위해 힘들었지만 지금은 정말 좋아졌어요."

내 아이도 3월에 처음 유치원 생활을 시작할 때에 비하면 많이 좋아졌다고, 보조 선생님과 위생사 선생님과 원장 선생님도 그렇게 말씀하셨다고 한다. 그리고 2학기가 되면 아이는 또 성장할 테니 믿어보자고 했다.

"아이가 잘못된 게 아니라 당연히 일어날 수 있는 일이에요. 아이는 자라는 중이니까요."

아이가 말을 잘하기까지 오래 걸렸듯이 아이의 행동을 수정하는 데도 오래 걸린다고, 그 과정을 같이 끈기 있게 지켜보자면서 유치원 선생님이 나를 위로했다.

아이가 친구에게 거칠게 표현하면 엄마의 심장이 덜컥 내려앉지만 그럴수록 다음과 같은 마음가짐을 가져야 한다.

- 아이의 표현법이 많이 심할 뿐 친구에 대한 관심의 표시이다.
- 아이의 행동을 바꾸는 기간을 길게 잡고 조급해지지 말자.
- 엄마 혼자 해결할 수 있는 문제가 아니다. 가족들과 선생님이 같이 노력해야 한다.

선생님의 응원에 위안이 되었지만, 그래도 다른 아이들과 내 아이를 자꾸 비교하게 되는 마음은 떨칠 수 없었다.

'내가 뭔가를 잘못하고 있으니 아이가 그러는 거야. 내 잘못이야.'

끝없는 자책의 시간이 찾아왔다. 아이의 성향이 원래 까칠한 면도 있지만, 훈육이 너무 강했다가 너무 약했다가 해서 아이에게 혼란을 주는 것도 같았다.

휴……. 육아에 대한 고민은 정말 끝이 없나 보다. 속 터지는 기다림의 연속이다. 잠든 모습을 보면서 아이가 나아질 때까지 참고 기다려주자는 다짐을 거듭 하면서도 마음이 미어진다.

배려하는 가족 문화가
아이의 행동을 바꾼다

유치원에서 학기마다 부모를 대상으로 유아교육 강의를 하는데 '가족만의 문화를 만들어보기'라는 주제가 나왔다. 뭔가 거창하게 느껴지는 말이었다.

'뭘 해야 하는 거지?'

문화라고 하면 나와 내 아이에게는 별로 가깝지 않은 단어인 것만 같았다. 다들 그렇게 느끼는 분위기라 구체적인 예를 들어줬다. 어릴 때부터 금요일이면 꼭 가족끼리 모여서 부모는 맥주를, 아이는 주스를 마셨는데 그 별것 아닌 일상을 아이는 초등학생이 되어서도 "우리 금요일에 모이는 거지?"라며 특별하게 기억한다고 한다.

어렵게 받아들일 필요가 없는 주제였다. 되짚어보니 나도 벌써 가족 문화를 만들고 있었다. 잠자리에서 아이가 원하는 동화책을 한 권이든 몇 권이든 제한 없이 읽고 있다. 물론 아이가 원하지 않을 때는 서로 마주 보기도 한다. 거창한 일은 아니지만 '자기 전에 책 두 권 읽는 것'. 이게 우리 가족의 약속이자 문화다.

하루 동안 있었던 일을 되돌아보며 얘기하는 이런 소소한 일상도 오래 지속하다 보면 가족만의 전통, 우리 가족의 문화가 될 수 있을 것이다.

또 아이가 좀 더 자라서 진지한 이야기를 나눌 수 있는 시기가 되면 우리 가족이 어떤 가족이었으면 좋겠다는 이야기, 즉 가훈을 만드는 시간도 가지고 싶다.

여러 가치에 대해 수다를 떨어보는 것도 내 버킷리스트 중 하나였는데 이것은 이미 오래전부터 실천하고 있었다. 아빠와 아이가 '배려'라는 개념이 무엇인지 서로의 의견을 나눠보는 것인데 초등학생이나 되어야 실천 가능할 듯싶지만, 훨씬 이전부터 아이의 눈높이로 깊은 대화를 끌어낼 수 있다.

"엄마, 왜 친구들하고 장난감을 같이 가지고 놀아야 해?"

서로 어울려 노는 걸 모를 때 아이들이 많이 하는 질문이다. 이럴 때 "너는 왜 같이 놀 줄 모르니? 그렇게 이기적으로 행동하면 안 돼!" 하고 야단치기보다는 이야기를 나눠야 한다. 아이가 자기 것이기 때문에 혼자만 독점하려 할 때 '나눈다'는 가치에 대해 대화해볼 수 있다.

"같이 가지고 놀면 더 재미있어. 한번 해볼까?"

"왜?"

"너도 친구 장난감을 가지고 놀고 싶었을 때 친구가 빌려주니까 기분이 좋았지. 네가 장난감을 빌려줘서 같이 놀면 친구 기분은 어떨까?"

"좋을 것 같아."

이런 대화를 하기 전에 드러누워 울어버리는 경우가 많았지만 그래도 아이는 차차 받아들인다.

유치원 원장 선생님은 처음에 아이가 말할 줄 몰라도 부모가 아이를 위해 끊임없이 말을 걸어주는 것처럼 무엇이든 노력이 필요하다고 하셨다. 아이의 대답을 듣지 못하더라도 언어가 폭발하는 시기를 위해 시간을 투자했던 때를 되새겨봤다. 부모에게 들은 말이 쌓이다 보면 어느 순간 말이 트이는 것처럼 행동과 배려도 마찬가지라고 하셨다. 말 못하는 아이한테 대뜸 "말해봐!"라고 하지 않는 것처럼 행동과 배려도 그런 과정이 필요하다는 이야기가 인상 깊었다.

"친구에게 배려해야지. 양보해야지."라는 말 백 마디보다는 부모가 생활 속에서 행동으로 몸소 보여줘야 아이도 배려하고 양보하는 행동을 한다. 유치원에서 친구가 불편하지 않도록 화장실 슬리퍼를 바로 정리하고 나와야 한다고 말로 설명하기 전에 평소 나부터 현관에서 신발을 신고 벗을 때 신경 쓰는 모습을 보여줘야 한다. 부모의 행동으로 다음 사람을 어떻게 배려하는지 알려주는 시간들이 쌓여야 아이도 '배려'라는 개념을 행동으로 익힐 수 있다. 생활 속 작은 습관들이 배려할 줄 아는 아이로 성장할 수 있게 돕는다.

스승의 날,
아이의 첫 편지

유치원에서 처음 맞는 스승의 날, 다른 선물은 일절 받지 않고 아이들의 편지만 받는다는 가정 통신문이 왔다. 우리 집 꼬맹이가 글씨를 쓰는 건 불가능하므로 스케치북과 색연필을 앞에 놓아주고 유치원 선생님에게 감사한 마음을 담아 그림을 그려보자고 권했다. 사실 딴짓으로 한눈팔며 놀기 바쁠 줄 알았는데 아이는 의외로 색연필을 쥐고서 고민하는 표정을 지었다.

"감사. 감사. 거미하고 사이렌을 그릴 거야."

이렇게 혼자 중얼대더니 색연필로 작대기를 하나 그리며 씩 웃고는 무수히 많은 선을 휘갈겼다.

담임선생님을 도와주시는 보조 선생님에게 드릴 그림도 그려보자고 하니까 선생님이 최고라는 뜻인지 '1' 자를 쓰더니 뿌듯한 표정을 지었다.

"다 그렸어."

"선생님이 많이 도와주시잖아. 고마운 마음을 더 생각해보고 그리자.”

아이는 몸을 배배 꼬긴 했지만 그래도 자리를 뜨지 않고 그림을 그렸다. 아이는 자신이 제일 좋아하는 '거미와 사이렌' 그림으로 감사의 마음을 담았다. 그게 아이에게는 최고의 감사 표현이었다.

많이 고생하신 원장 선생님에게 드릴 그림도 그려보자고 할 때는 이미 아이가 두 장을 그린 후라 솔직히 그리지 않을 줄 알았는데 어떤 그림보다 정성을 다했다.

“원장 선생님은 폴리스카 좋아해.”

원장 선생님이 경찰차로 아이와 잘 놀아주셨는지 아이는 가장 신나게 그려나갔다. 이번 그림은 낙서 같은 그림들 중에서 제법 그럴듯해 보였다.

네모, 동그라미, 자동차 같은 그림들을 어떤 식으로 그리는 건지 알려주지 않아서 아이는 형태를 갖춘 그림을 완성해본 적이 한 번도 없었다. 그런데도 내 눈에만 그렇게 보이는 건지 아이 나름대로 자동차의 몸통과 바퀴 형태를 그려낸 것 같았다. 나도 어쩔 수 없이 고슴도치 엄마라서 내 아이가 하는 건 다 예뻐 보이는지도 모른다. 선생님들이 애정을 쏟아주셨기에 아이도 풍부하게 표현할 수 있게 된 것 같다.

유치원에 편지를 보낼 때 스케치북 종이라 어떤 봉투에 넣을지 고민하다가 친구에게 선물로 받은 옷의 포장지가 천 재질로 크기도 알맞아 편지들을 넣어 보냈다. 그런데 유치원에서는 편지만 받고 포장지도 돌려보냈다. 선생님들의 조심스러운 마음이 느껴졌다. 어떤 학교에서는 종이로 만든 카네이션조차 학생 대표만 선물할 수 있도록 한다고 들었다.

내가 학교에 다니던 시절에는 선생님에게 케이크나 화장품 같은 선물을 드렸던 기억이 있다. 선생님을 위해 어떤 선물이나 이벤트를 준비할지 친구들과 고민한 것도 좋은 추억이었지만, 사실 고마운 마음보다 겉으로 보이는 물질에 치중했던 것 같다.

지금은 그런 고민을 하기보다 편지로 마음을 담고 감사함을 다시 되새길 수 있어서 좋다. 선생님들이 고생하시는 것을 잘 알기에 멋진 선물을 드리고 싶기도 하지만, 아이에게도 선생님에게도 가장 좋은 선물은 그 감사하는 마음인 것 같다. 마음보다 큰 선물은 없을 테니까.

엄마가 챙겨야 할 준비물,
선행학습?

임신했을 때 서점에서 새 학기 교과서 코너를 본 적이 있다. 아이가 초등학교 입학 전인 7세가량 된다면 그런 책들을 사보고 싶다는 마음이 들었다. 앞으로 어떤 내용을 배우게 될지 훑어서 보여주고 이건 이렇게, 저건 저렇게 해야 한다고 알려주면 아이가 좀 더 수월하게 적응할 수 있지 않을까 싶었다. 그렇지만 아이의 흥미를 지레 떨어뜨릴 수도 있을 것이다.

아이를 초등학교에 먼저 보낸 선배 엄마들의 이야기를 들어보면 잘 그린 그림만 교실 게시판에 붙이게 되는 경우가 있다. 그런데 그림 실력이 부족한 아이들은 게시판에 전시하지 못한다. 채택을 받지 못하는 횟수가 반복되면 아이는 미술 평가를 잘 받지 못하는 데 몹시 속상해하면서 기가 죽고 자존감도 점점 줄어든다. 그런 아이를 보다못해 미술 학원에 보냈다고 한다.

다른 아이가 월등하게 돋보일 때 그렇지 않은 아이는 자존감이 낮아질 수 있다. 아이의 자존감에까지 영향을 미친다고 하니 선행(先

行)에 대해 다시 따져보게 됐다. 선행이라는 표현보다는 사교육이라는 표현이 맞을지도 모르겠다.

먼저 배우는 걸 나쁘게만 볼 수 없는 것 아닐까? 앞선 친구들 틈에서 과연 아이는 자존감을 지킬 수 있을까?

내 아이에게는 한글만 익히게 하고 다른 건 더 시킬 계획이 없지만 이게 옳은 판단일지는 나도 장담하지 못한다. 어쩌면 아이에게 부족한 능력을 더 기르도록 학원에 보내는 것도 하나의 방법일 것이다. 하지만 더 나아가 아이의 인생을 고려한다면 선행과 학원만이 능사는 아닌 것 같다.

내 아이가 학교에 들어간다면 미술을 배운 아이들에 비해 많이 부족할 것이다. 그러나 미술 한 분야에만 국한된 것이 아니라 어떤 분야든 남들보다 잘하지 못하는 것이 있다는 걸 언젠가 깨달을 테고, 좌절하여 자신감을 잃는 순간도 필연적으로 올 수밖에 없다.

선행을 시키더라도 아이의 자존감이 떨어지는 상황은 언제든 찾아온다. 아이가 실패를 겪게 될 때, 다시 시도해보자고 북돋우고 실패할 수도 있다는 것을 잘 받아들이도록 도와줘야 한다.

요즘 종이접기 책을 사서 함께 접어보고 있는데 아이가 어렵다며 직접 접으려 하지 않고 자꾸 나보고 접어달라고 한다. 색종이를 세모로 접는 것조차 힘들다며 꾸기고 던질 때면 아이가 새로운 것에 도전하기 두려워하고 있다는 게 느껴진다.

"잘하지 못해도 괜찮아. 처음이라 실수할 수 있는 거야."

그렇게 다독여도 한 시간이 넘게 짜증을 부리고 벌렁 드러눕기까지 한다.

아이는 앞으로 수많은 도전 앞에서 자주 좌절하게 될 것이다. 울기도 하고, 신경질도 부리고, 괜한 화도 내겠지만, 그러면서 도전 정신을 키우고 실패에도 강해질 수 있는 힘을 쌓을 것이다.

실패한 순간을 잘 견디고 다시 일어날 수 있는 힘을 길러주는 것이 선행학습보다 우선돼야 하는데 그게 말처럼 쉽지 않은 일이다. 앞으로 아이를 도와줄 다른 방법들을 잘 찾아봐야겠다.

남들 다 시키는 영어 공부,
내 아이는 어쩌지?

　　나는 사교육에 거부감이 많았던 사람이다. 그런데 어떤 곳에서는 8개월부터 세 가지 언어를 가르친다는 말이 들려왔다. 본격적으로 학습하기에는 너무 이른 나이 같아서 아무것도 시키지 말아야지 다짐했지만 그런 곳이 있다는 말을 막상 들으니 나는 가만있어도 되는 건가 싶었다. 어릴 때부터 왜 영어 교육을 무리하게 시키나 의아했지만 내 아이를 낳고 나니 얇은 귀가 자꾸 펄럭거렸다. 아이를 무턱대고 놀리자니 주위에서 다들 가르치니까 불안해지고, 그렇다고 가르치자니 왜 시켜야 하나 싶고……

　　'무슨 엄마가 그리 교육관이 확실하지 않아서 줏대 없이 휘둘리면 어떡해?'라고 말할 수도 있지만, 처음이라 어떻게 하는 편이 나은지 몰랐다. 그래서 시행착오를 겪는 것이고, 그 실수가 두려워서 아무것도 해보지 않은 채 가만히 있을 수는 없는 노릇이었다. '처음'이라면 잘못쯤은 해도 되는 것인 양 핑계를 대면서 나의 갈팡질팡 교육관을 합리화하는 것이 아닌지 의심할 수 있다. 사교육을 나쁘게 바라보는 사람들에게 한심한 변명으로 들릴지 모르지만 이게 내 현실이다.

요즘 세상에 영어는 평생 익혀야 하는 언어이니 어린이 영어 교육이 대체 어떤 건지 알아보고 나서 가르칠지 말지를 정하자는 판단이 섰다. 내가 사교육에 거부감이 많다는 이유로 아이에게 접할 기회조차 주지 않고 외면하며 방치하기는 싫었다.

우선 영어 노래와 영어 그림책을 사서 들려주고 읽어줬다. 그림책도 노래하듯이 읽어주니 춤을 추며 잘 따라 했다. 이후 아이의 월령에 맞게 문화센터에서 영어 수업을 듣기도 했고, 영어 전집을 사면서 그 책을 바탕으로 수업하는 강좌가 있어 매주 한 번 찾아갔다.

아기들을 상대로 하는 강좌이니 아이는 재미있어 하지만 솔직히 별것 없다. 노래하고 춤추고 뛰어놀고 나면 끝. 몇 달 다니고 나니 처음에는 재미있어 하던 아이가 실내에 있기보다 밖으로 나가서 놀고 싶어 했다. 가만 지켜보니 집에서도 가능한 교육이라 어떤 건지 맛만 보고 그만뒀다.

엄마의 능력과 마음의 여유가 된다면 집에서도 충분히 교육할 수 있다. 물론 집에서 영어, 미술, 악기를 전부 부모가 직접 가르치는 건 내 경우에는 조금 버거웠다. 그래서 엄마표로 아이가 책꽂이에서 영어책을 빼 오면 읽어줬다. 내가 할 수 있는 한 아이가 좋아하는 영어 동요를 틀어놓고 같이 춤도 추었고, 피아노를 치면서 안 되는 발음을 꼬아가며 직접 불러주기도 했다. 전문성은 없지만 아이와 같이 즐기는 선에서는 부족함이 없었다. 아기들을 대상으로 한 영어 수업들을 재미있게 들었던 것이 아이가 영어를 편안히 받아들이는 데는 좋은 밑받침이 되어준 것 같다.

조기 언어 교육이 창의력을 떨어뜨린다는 말에 겁먹어 안 시킬 필요는 없다. 창의력은 인위적으로 만들어지기보다는 편하게 놀면서 자연스레 형성된다고 생각한다. 언어 교육을 한다고 무조건 큰일 나는 것이 아니라 너무 무리하지 않고 아이에게 활력을 불어넣는 정도는 오히려 좋은 영향을 준다. 지레 '이건 나쁜 거야.'라고 단정하면서 안 시킨다고 능사는 아닌 듯하다. 머릿속으로 고민만 하며 초조해하느니 맛보기로 경험하고 판단하는 편이 나았다. 나도 해보지 않았으면 몰랐을 일이었다. 발레도 배우려고 학원에 가지 않는 이상 아이가 좋아해서 재능이 있을지, 혹은 싫어할지를 알기 힘들 것이다.

한동안 사설 영어 수업은 시키려고 하지 않다가 아이가 유치원에 입학할 때쯤 되니 내 귀가 또다시 팔랑거렸다. 집 근처에 어린이 영어 학원이 있기도 했고, 아이가 다니는 유치원은 한글과 영어를 교육하지 않는 놀이 위주의 혁신 유치원이었기 때문에 따로 영어를 조금은 배워야 하지 않을까 걱정됐다.

영어는 학교에 가면 어쩔 수 없이 배워야 하는 과목이고, 나도 영어 때문에 내내 힘들었기에 아이의 부담도 조금 덜어주고, 5세까지는 품속에 끼고 키웠으니 이제 내 시간을 가지고 싶었다. 터놓고 말해서 아이를 위한다는 것은 핑계이고 내 자유 시간을 갖기 위한 이유가 컸다.

유치원생 아이와 엄마의 하루는 대체로 아침 8시에 일어나 밤 12시가 다 되어서야 끝난다. 엄마에게는 아이가 유치원에 가 있는 4시간 동안의 자유가 주어지지만, 아이는 하원 후 아무리 놀이터에서 해가 저물도록 뛰어다녀도 낮잠 30분도 자지 않는 날이 대부분이다. 온종일 놀아주는 장소가 밖이라면 그나마 덜하지만 집에서는 정말 힘에 부쳤다. 내 에너지도 노는 데 같이 써야 하는데 아이의 넘치는 힘을 따라가기가 버거웠다.

그래서 유치원이 끝난 후 놀이터에서 잠깐 놀다가 영어 학원에 1시간 정도 보내게 됐다. 막상 아이를 보내고 나니 "뭐 하러 그런 데를 보내. 그냥 놀게 하면 되지."라는 말이 더 크게 들려왔다. 그래, 말은 참 쉽다. 그리고 아이러니하게도 그런 말을 한 사람들 역시 중국어, 한문, 피아노, 발레, 미술 등 온갖 학원에 아이를 보내고 있었다. 아이는 영어 학원이 끝나고 나서 또 2시간은 놀이터에서 논 후 집에 돌아와서 12시까지 놀았다.

그나마 나는 정말 축복받은 경우라 친정 부모님과 같은 동네에 살기에 독박 육아를 하지는 않는다. 그렇지만 친정 부모님도 일을 하고 저녁 7시 반에 퇴근하면 육아를 도와주기보다는 휴식을 취하셔야 하는 상황이다. 물론 부모님이 계셔서 내가 잠시나마 컴퓨터에 앉거나 스마트폰을 뒤적이는 시간을 가질 수 있다. 그래도 아이와 노는 몫은 오로지 내 차지다.

하루 종일 놀아주다 보니 힘이 점점 빠지고 놀이의 질도 떨어져서 아이에게 미안했다. 재미없게 놀아주는 것보다 영어 학원에서 신나게 놀면서 공부도 하는 편이 아이에게 더 이득이 될 것만 같았다.

하지만 아이를 학원에 보내놓고도 눈치를 보게 됐다. 아이가 놀이 터에 계속 있겠다고 할 때는 죄책감이 심했다.

'이 어린 것을 어쩌자고 학원에 보냈을까. 이제 그만 보내야지.'

그런데 학원이 끝날 시간에 데리러 가면 아이는 왜 이렇게 일찍 왔냐고, 여기서 더 놀다 가겠다고 했다.

'아이가 나를 가지고 밀당을 하나?'

학원에 보내지 말아야 하나 고민했다가도 아이가 학원에 더 있고 싶다고 하면 도대체 어쩌라는 것인지 난감했다. 연애도 모자라 육아 까지 나를 들었다 놓았다 해대니 결정을 내리기가 어려웠다.

내 경우를 생각해봤다. 영어를 잘하면 좋겠지만, 아이가 어떤 일 을 할 것인가에 따라서 영어 공부가 쓸모없을 수도 있다. 영어뿐만 아니라 모든 교육이 어떤 사람에게는 필요하지만, 또 다른 사람에게 는 전혀 필요하지 않기도 하니까.

나는 일기를 쓰면서 일일이 문법을 따지지 않는다. 말할 때도 정 확한 문법을 딱딱 구사하려고 노력하지 않았다. 나조차 국어 문법도 엉망이고 영어 문법에는 더더욱 문외한이다. 나는 문예창작과를 나 왔어도 전과해서 딸랑 2년 배운 게 전부이고 문법 수업은 따로 듣지 않았다. 그 흔한 토익 시험 한번 제대로 보지 않았다. 내가 일하는 분 야에서 쓰이지 않는 것을 굳이 공부할 이유가 없었다.

아무리 다들 좋다고 해도 내 아이는 다를 수 있다. 부모가 소신을 가지고 학원에서 수업하는 것이 어떤지, 힘들지는 않은지 등에 대해 학습 대상인 아이의 이야기를 공유해야 한다는 선생님의 말을 듣고 과감히 결단을 내렸다.

"오늘 뭘 배웠어? 새로 알게 된 게 뭐야? 재미있었어?"

아이에게 다양한 기회를 제공하여 어떤 배움이 있는지가 중요하다는 말에 아이가 학원에 다녀오면 그 느낌을 나누었다.

끊임없는 자문의 결과, 고민 끝에 아이가 영어 학원에 다닌 지 3개월 만에 중단을 결심했다. 놀이터에서 놀고 있는 아이를 보면 내 마음도, 아이 마음도 편했다. 아이를 학원에 보내고 난 후 내가 마치 극성 엄마가 된 듯한 느낌이었다. 학원에 보내지 않기로 결정한 것은 내 마음이 도무지 편하지 않았던 이유가 컸다.

내 아이와 달리 계속 학원에 잘 다니는 친구들도 있다. 나의 판단 착오일까 마음이 또 한 번 헝클어진다. 훗날 아이가 왜 일찍부터 영어 학원에 보내주지 않았냐고, 영어를 잘하는 다른 아이들과 자신을 비교하며 나를 원망할지도 모른다.

우리나라 학부모가 잘하는 건 우스갯소리로 '이동'이라고 한다. 바로 학원가로 아이를 보내는 것. 웃기면서도 그 말이 참 슬프게 다가온다. 사교육이 나쁜 건 아니지만 나와 내 아이에게는 맞지 않았다. 아이가 영어를 배우면 좋겠지만 큰 기대는 하지 않는다. 그저 힘들지 않게 영어를 즐겁게 접하기를 바란다.

애니메이션 〈미니언즈〉를 보여줬다. 시청 시간이 길고 수준 높은 영어를 써서 아이가 집중하지 못할 줄 알았는데 열광했다. 아이에게 처음으로 좋아하는 캐릭터가 생겼다. 내게는 그리 귀여워 보이지 않아서 그 인기를 이해하지 못했는데 아이는 정말 미니언즈를 사랑하게 됐다. 이틀에 한 번씩 〈미니언즈〉와 〈니모를 찾아서〉나 〈도리를 찾아서〉를 반복해서 본다. 못해도 스무 번은 넘게 봤을 텐데도 다시 볼 때마다 새로워한다.

아이는 만화영화를 볼 때 절대 혼자서 보지 않으려 한다. 내가 딴 곳을 보고 있으면 내 손과 머리를 끌어다가 자기 머리 옆에 붙여두고는 같이 보자고 성화이다. 아이는 언제나 엄마가 함께해주기를 바란다. 아이가 만화영화를 보는 동안 내가 설거지를 하거나 다른 걸 볼 때면 "엄마!"를 수백 번 불러대다가 발음이 꼬이기도 했다.

"엄마 이거 봐봐."

"응. 알았어."

"엄마! 엄마!"

"이것만 하고 갈게."

"인마!"

엄마한테 인마라니……. 제대로 놀아달라고 멱살이라도 잡을 기세다. 자신에게 즐거운 걸 엄마도 같이 봤으면 하는 마음인 것이다. 그렇게 똑같은 장면을 지겹도록 보고도 처음 본 듯 감탄하면서 같이 호응하고 얘기해줘야 한다. 앞으로 백 번, 심하면 천 번은 더 볼 것 같아 버겁기도 하지만, 이런 게 진짜 영어를 잘하는 밑거름이 되리라고 믿는다.

홈스쿨 학습지,
아이에게 도움이 될까?

주변에서 도와준다고 해도 육아는 엄마가 짊어지는 몫이 크다. 매일 밖에도 나가보고, 책을 보며 시간을 보내봐도 무료하게 느껴지고 기분이 자꾸 가라앉았다. 그래서 생후 6개월에 홈스쿨을 신청했다.

방문 선생님이 매주 한 번씩 15~30분 정도 아이에게 노래도 불러주고 책도 읽어주러 오셨다. 갓난쟁이가 뭘 알겠나 싶었다. 내 무릎에 앉아서 그저 손뼉을 치며 좋아하기만 하는데 배울 게 없을 줄 알았다.

하지만 이건 아기가 교육을 받는다기보다는 내가 교육을 받는 것이었다. 엄마가 놀이법을 배우는 시간이었다. 어떻게 놀아줘야 아이의 발달을 도울 수 있는지 익히고, 또한 신나게 놀아주다가도 에너지가 쉽게 방전되는 나에게 충전할 수 있는 휴식도 되어줬다.

그러나 오랜 기간 홈스쿨 교육을 계속할 필요는 없어 보인다. 초보 엄마라 서툴렀지만 아이와 놀이 교육을 하는 법을 점차 터득했고, 동화책 읽어주기는 어떤 선생님보다 자신 있었으니까. 무엇보다 힘이 넘치는 아이는 온 방을 뛰어다니기를 좋아해서 선생님과 마주 앉아 있는 걸 점점 힘들어했다. 활발한 아이라서 그 15분 동안에도 장난을 치고 싶어서 좀이 쑤셨던 모양이다. 그래서 홈스쿨 수업을 그만두고 그냥 놀이터에 나가 놀았다.

　하지만 아이가 두 살쯤 되자 주변에서 걱정 어린 조언들이 이어 졌다. "아직도 끼고 있어요? 어린이집에 보내서 친구들과 어울리는 방법을 배우고 공부도 하면 엄마도 좋고 아이도 좋을 텐데." 다 맞는 이야기였다. 나도 수없이 고민한 부분이었다. 하루에도 몇 번씩 마음이 바뀌었지만, 유치원에 입학하기 전까지는 집에서 아이와 있기로 마음먹었다.

　그러다가 또래 아이를 키우는 지인의 추천으로 네 살 때 홈스쿨을 다시 시작했다. 무료 수업 체험 이벤트로 책도 공짜로 주기에 잠시 동안만 경험해보려고 했다. 수업 내용의 교육성에 대해서는 별로 기대하지 않았다. 하지만 내 기대 이상으로 좋은 선생님을 만나게 됐는데 아이와 즐겁게 놀아주면서 꼭 알아야 할 것을 자연스럽게 알려주는 면에서는 나보다 훨씬 뛰어났다.

　물론 홈스쿨 선생님의 교육은 분명 나도 아이에게 해줄 수 있는 부분이다. 홈스쿨이라고 해도 생후 12개월 즈음에는 스티커를 붙이거나 선을 이어보는 정도이기 때문이다. 하지만 내가 선생님처럼 학습지 안에서 색칠 놀이를 하거나 스티커 놀이를 진행하려 하면 잘 되지 않았다. 아이가 원하면 스티커를 학습지에 붙이지 않고 벽이나 자기 몸에 붙이는 것도 나는 허용하는 편이었다. 색칠할 때도 정해진 선에서 벗어나는 것은 아이이니까 당연한 일이므로 억지로 맞게 칠하라고 강요하지 않았다.

그런데 그러다 보니 아이의 손힘이 부족해졌다. 유치원 여름방학 숙제로 물을 아껴 쓰면 물방울 그림에 조그만 동그라미를 쳐야 했는데 그조차 그리기가 정말로 어려웠다. 소방차 놀이라고 해서 불 끄는 시늉을 하면서 스케치북에 자주 그림 그리기를 했지만 그저 내키는 대로 칠하는 거라서 손힘이 별로 들어가지 않았다. 홈스쿨 시간에 선생님도 아이를 지켜보더니 손힘을 길러줘야겠다고 하면서 정해진 수업 내용 대신 색칠 놀이에 더 많은 신경을 써주셨다.

나와 색칠 놀이를 할 때는 집중하지 못했지만 선생님의 노련한 솜씨로 아이는 처음으로 선을 벗어나지 않고 그림에 맞게 색칠했다. 정말 놀라운 일이었다. 만 4세가 되어서야 처음 해낸 일이었으니까.

그동안 나는 이런 색칠 공부가 아이의 창의적인 면을 해친다고 여겼다. 그림선에 맞도록 정해진 색깔로 칠해야 한다는 게 별로였다. 하지만 때로는 선에 맞춰서 색칠해야 할 때도 있다는 것을, 즉 정해진 규칙대로 따라야 할 때도 있다는 것을 알려줘야 하는데 그걸 챙기지 못했음을 아이가 만 4세가 되어서야 깨달았다. 아이의 손힘을 키워주기 위해서 선생님의 추천을 받아 처음으로 색칠 놀이책을 샀다.

6세가 되어서는 학습지를 끊었다. 아이가 배우는 것보다 놀이터에서 뛰어놀거나 레고를 가지고 노는 데 심취했기 때문이다. 아마도 초등학교에 입학하기 전에 학습지를 다시 시작하게 될 것 같다.

학습지를 시키면 내가 놓치는 부분을 누군가가 챙겨준다는 면에서는 좋은 것 같다. 하지만 엄마가 꼼꼼하고 아이가 별 관심을 보이지 않는다면 굳이 필요하지는 않다. 나는 잘 챙기지 못하는 방임형이고 자꾸 불안해지곤 한다.

엄마는 아이가 좋아하는 것을 누구보다 잘 파악할 수 있지만 한 영역에만 치중될 수 있다. 경찰 놀이와 같은 역할 놀이는 잘 맞춰주지만 그동안 챙기지 못한 색칠 놀이나 그림 그리기에서는 내가 알려 줄 수 있는 게 한정적이다. 아이를 낳기 전에는 이런 교육들이 불필요한 사치라고까지 치부하여 쓸모없는 일이라고 단정 지었다.

그러나 유치원 선생님도 적정선을 지키기만 한다면 사교육을 나쁘게 여길 것만은 아니라고 하셨다. 오로지 엄마 힘으로 망라하기보다 때로는 누군가의 도움이 필요할 때가 있으니까.

한글을 일찍 배우면
아이의 창의력을 해친다고?

한글을 배울 때 깍두기 노트에 한 글자씩 꾹꾹 눌러가며 쓰는 연습을 해본 기억이 있을 것이다.

"누구를 닮아 머리가 나쁘냐!"

보통 혼나기도 하면서 엄격하게 글자를 배운다. 그래서 학문은 어려운 것이라는 의식이 일찍부터 깔릴 수 있다.

유대인은 글자를 처음 배울 때 글자 모양에 꿀을 발라 먹는다고 한다. 학문이란 꿀처럼 달콤하다는 인식을 심어주기 위한 것이라고 하는데 그 발상이 기발했다. 내 아이도 공부는 딱딱하고 지루한 일이 아니라 달콤한 일이라고 받아들일 수 있기를 바랐다.

아이는 '이, A, L, G'를 유난히 좋아했다. 길을 가다가도, 집 안에 있는 낱말 카드나 가전제품에서도 글자를 찾아내어 손가락으로 콕 짚어내며 배시시 웃어댔다. 가끔 보여준 낱말 카드와 그림책에서 아이의 마음에 드는 단어가 생겼고, 그런 단어들을 보면 반가워했다.

아이의 유치원으로 놀이만 하는 혁신 유치원을 선택했다. 다른 유치원에서는 가르치는 영어와 한자는커녕 한글 교육도 하지 않는다. 두 군데 유치원에 추첨됐는데 공부를 하는 곳보다 놀이를 하는 곳이 아이에게 더 좋을 것 같았다. 여러 가지를 공부하는 것도 좋겠지만 빨리 배우지 않는다고 해서 뒤처지는 건 아닌 듯했다. 지금은 노는 게 최고이니까. 가려운 부분을 긁어주듯 아이가 궁금해하는 부분만 매주 몇 분 정도 알려주는 걸로 충분해 보인다.

아이는 학습지를 통해 매주 하루 30분씩 글자를 배웠다. 만 4세였을 때는 'ㅡ, ㅣ, ㅏ' 모음만 겨우 구별하고 자음은 아직 알지 못했다. 학습지를 시키고 싶지 않았지만, 아이는 한글을 궁금해했다.

어느 나라에서는 창의력에 해가 된다고 일정 나이가 되어야 글자 교육을 하도록 정해놓았다지만, 아이의 흥미를 가로막기보다는 그 물꼬를 틔워주고 싶었다. 한글에 관심을 보이는데 '너는 어리니까 이런 건 지금 몰라도 돼. 나중에 공부해.'라고 하기보다는 아이가 원하는 선까지 알려주는 게 부모의 몫이 아닐까.

교육에 대해서 나는 아예 '시키지 말자 주의'와 '꼭 시켜야 한다 주의' 그 사이 어디쯤이다. 처음에는 이것저것 다 가르쳐야 하나 싶어 시도만 하다가 그만뒀다.

아기였을 때는 조바심이 나서 벽에 포스터도 붙이고, 사물마다 낱말을 붙여놓았다. 아기가 관심을 가질 때마다 읽어주곤 했는데 개구쟁이로 자라서는 벽이나 사물에 붙어 있던 낱말 카드를 떼면서 장난치고 싶어 해서, 지금은 한쪽 구석에 쌓아두거나 문 아래쪽에 발 끼임 방지용으로 아주 요긴하게 쓰고 있다.

교육 문제로 아이와 씨름하고 싶지 않아서 엄마표 교육은 그저 동화책을 읽어주고, 그러다가 생기는 아이의 질문에 대답해주는 게 전부다. 부모 소모임 시간에 교육이란 왜 이전에 어려웠는지 따져볼 기회를 갖게 해주는 것이라고 들었다. 원장 선생님이 유치원 아이들과 밤을 따러 간 일화를 들려주셨다. 밤을 따러 가기 전에 아이들에게 무엇이 필요한지 물었고, 아이들은 컵이나 쟁반을 챙겼다. 하지만 따가운 가시 때문에 손으로 밤송이를 잡기가 어려워서 밤을 잘 따지 못했다고 한다. 어쩌면 밤을 따는 데 실패했다고 치부할 수 있다.

하지만 그 시간은 단순히 실패의 시간이 아니라, 다음에는 성공할 준비를 하는 시간이다. 다시 밤을 따러 갈 때 아이들은 전처럼 밤송이의 따가운 가시에 찔릴까 봐 커다란 대야를 모자처럼 쓰거나, 장갑이나 집게같이 필요한 물건들을 챙겨 왔다. 선생님이 처음부터 밤따는 도구를 전부 준비해줄 수도 있었을 테지만, 아이들은 문제 상황에 부닥쳤을 때 스스로 뭐가 필요한지 조사할 시간을 가질 수 있었던 것이다.

일방적으로 주입하기보다 아이가 직접 경험하여 체득할 기회를 주는 교육이 진짜 살아가는 데 도움이 된다. 먼저 알려주면 여러모로 편하고 빨리 해결할 수 있겠지만, 아이에게서 궁금해하며 탐구할 기회를 빼앗을 수 있다. 아이에게 쉬운 지름길로 가라고 하기보다는 느리더라도 스스로 원하는 길을 가도록 한 발 뒤에서 지켜보는 엄마가 되고 싶다.

예체능 교육,
일찍 시작할수록 좋을까?

악기 연주에 대한 로망이 있었다. 피아노 연주로는 아이가 배 속에 있을 때부터 동요를 들려줬고, 태어난 후에는 아주 어릴 때부터 같이 피아노를 뚱땅거렸다. 〈거미〉, 〈유치원〉, 〈나비야〉 같은 동요를 피아노로 연주하면 음악 따라 춤추고 노래 부르지만, 그보다는 장난치는 걸 더 좋아한다.

전자피아노에 있는 여러 종류의 버튼을 누르면 다양한 소리를 들을 수 있는데 특히 오르간 소리로 전자피아노의 낮은 음을 두드려대면서 "천둥소리 같아. 태풍이 몰려온다. 귀신이 나타나는 거 아니야?" 하고 아예 엉덩이로 건반을 누른 채 앉아 있는다.

하루에 세 번 이상 30분 가까이 칠 정도로 아이가 피아노를 좋아한 시기가 있었다. 영화 〈말할 수 없는 비밀〉에 나온 연탄곡 영상을 보더니 피아노 글리산도를 흉내 냈다.

아이는 몸 전체를 이용해 연주하기를 좋아한다. 손보다는 발과 엉덩이로 건반을 누르는 걸 더 즐기고, 작은 페달을 밟으면 소리가 울리는 것도 주의 깊게 듣는다. 그러다가 흥이 나면 입으로 투레질을 하고 박수를 치며 온몸으로 음악을 느낀다.

신생아 때부터 가끔 바이올린도 연주해주면 발을 동동 구르며 좋아했는데, 내 연주가 미흡해서인지 말을 배우고 나서부터는 "시끄러!" 하면서 활을 빼앗아 가지고 놀기만 했다. 그런데 할아버지가 보고 있는 헨리의 바이올린 퍼포먼스 영상을 옆에서 같이 보더니 날마다 열 번도 넘게 반복해서 보여달라고 졸랐다.

"헨리 보여줘, 활 가져와."

그동안 아이가 바이올린 소리를 싫어하는 줄 알았는데 단지 내 연주가 마음에 들지 않았구나 싶어서 씁쓸했지만, 아이가 음악을 듣고 덩실거리며 헨리를 흉내 내려는 모습이 깜찍했다.

나는 어릴 때 만화영화에서 바이올린을 연주하는 주인공이 부러워서 부모님을 조르고 졸라서 바이올린을 배웠다. 3년 정도 배우고 그만뒀다가 대학 동아리에서 다시 활을 잡은 게 전부지만 그 재미를 알기에 내 아이도 바이올린을 꼭 배우기를 원했다. 악기를 배우지 않아도 음악의 즐거움을 누릴 수 있지만 직접 연주할 줄 알게 되면 새롭게 들리는 차이를 아이도 느끼게 해주고 싶었다.

생후 40개월이 되었을 때 음악을 전공한 친구가 우리 집에 놀러와서 아이에게 바이올린을 연주해줬다. 내가 바이올린을 연주할 때는 시끄럽다고 귀를 막았는데 친구의 연주에는 아이가 다르게 반응하며 귀를 기울였다.

아직 어리므로 손에 힘이 없어서 어차피 바이올린 활을 쥘 수 없어도 음악을 즐겁게 접했으면 해서 친구에게 부탁한 것이었다. 친구는 아이가 좋아할 만한 캐릭터와 동요를 적극 활용해 바이올린을 가르쳐줬다.

🏺 캐릭터와 그림으로 아이의 관심 끌기

바이올린 활 중앙에 구급차 모양의 캐릭터를 테이프로 붙여놓고 아이의 관심을 끌었다. 도화지 한 장에는 아이의 손을 본떠 그린 손가락 그림을 잘라 엄지부터 0에서 4까지 숫자를 써서 번호를 알려줬다. 그리고 다른 도화지에 아이의 발을 본떠 그려서 바닥에 두자 자기 발에 꼭 맞으니 잠시 동안이지만 서 있기도 했다.

🏺 가벼운 거미와 뚱뚱한 거미

아이가 제일 좋아하는 노래인 〈거미〉를 아이의 눈높이에 맞춰 연주해줬다. '가벼운 거미'가 움직일 때는 높은 음을 연주해주고, '뚱뚱한 거미'가 나오면 낮은 음을 천천히 늘여서 연주하면서 동작을 과장하니 재미있어했다. 〈곰 세 마리〉는 아빠 곰이 나오는 부분을 제일 낮은 음으로 연주하여 무게감이 느껴지게 하고, 〈울면 안 돼〉를 산타 할아버지가 뚱뚱해서 천천히 노래하는 것이라며 느릿느릿 연주해주니 깔깔거렸다.

🏺 연주 속도에 맞춰 박수 치기와 춤추기

바이올린을 연주하면서 빠른 음과 느린 음에 맞춰 아이에게 손뼉을 치게 했는데 빨리 박수를 쳐야 할 때 자지러지게 웃어댔다. 연주 세기에 맞게 박수를 세게 치기도 하고 약하게 치기도 했다. 또 리듬에 맞춰서 같이 춤도 추었다.

🎹 악기를 직접 만져보면서 경험하기

바이올린 현을 짚을 때마다 소리가 달라지므로 내 무릎에 앉혀서 아이에게 직접 만져보도록 하니 현이 웅웅거려 온몸이 떨린다며 신기해했다.

"엄마, 지진 난 것 같아."

바이올린에 활을 그어볼 때는 아이가 재미있어하도록 내가 바로 옆에 서서 아이가 활을 움직일 때마다 나를 콕콕 찌르는 놀이를 했다.

처음에는 무척 좋아했다. 그러나 친구가 몇 번 놀러 오니 악기보다는 놀이로 관심이 옮겨 갔다. 장난이 더 재미있는 나이라 악기를 가르칠 적기가 아니었다. 바이올린 연주보다는 기다란 활로 차단기 놀이나 칼싸움을 하는 걸 더 좋아하는 때이다. 다른 아이들은 3세에도 악기에 흥미를 보이는 경우가 있지만, 내 아이는 초등학생 때 스스로 원하는 시기에 다시 악기를 가르치는 게 맞는 듯했다.

직업으로 삼으라는 이야기가 아니라 취미로 악기 하나쯤 다룰 줄 아는 건 축복이다. 아이가 진짜로 배우기 싫어한다면 어쩔 수 없지만, 만약 조금이라도 배우고 싶어 한다면 그 시기가 언제든 알려주고 싶다.

체계적인 음악 수업이 필요하지 않을까도 싶지만 지금은 내가 아는 선에서 같이 즐기는 정도로 충분하다. 내가 본격적으로 가르치려다가는 잘못 알려줘서 아이가 흥미를 잃으면 어쩌나 걱정되기도 하고, 어설픈 지도로 이상한 버릇이 생겨서 나중에 잘 배우고 싶어도 힘들어질 수 있기 때문이다. 맛보기만 보여주고 더 배우기를 원하면 그때 전문 학원에 보내도 될 것 같다.

가베가 수학 능력과
창의력을 키워줄까?

친정 엄마가 무리해서 비싼 전집을 아이에게 선물하셨다. 뭐 하러 이런 걸 사냐며 내가 불퉁거려도 엄마는 한숨을 쉬며 가베도 한번 살펴보라고 더 보태셨다.

"네가 어렸을 때 형편이 안 되어 가베를 못 사준 게 평생 후회돼."

도대체 가베가 무엇이기에 엄마가 저러실까 궁금해서 검색해봤다. 원래 가베를 사고 싶은 마음이 별로 없었지만, 여러 블로그에서 가베로 동물과 건물을 만들며 신나게 노는 아이들의 모습을 보자 구매 충동이 솟구쳤다. 그래, 내게도 하나밖에 없는 아이인데 아끼지 말고 투자할까 싶어서 이것저것 더 검색했다. 비교적 저렴한 가베도 있었지만 엄청난 양에 압도됐다. 과연 저 많은 것을 내가 활용할 수 있을까 걱정스러웠다.

하지만 기왕 가베에 대해 알아봤으니 판매자를 직접 만나서 물어보기도 하고 문화센터에서 가베 수업도 3개월가량 들었다.

가베 판매자는 가베로 창의력과 수학 능력을 키워야 한다면서 그러지 않으면 초등학교에 들어가서 수학을 어려워하니 가베를 꼭 시켜줘야 한다고 주장했다. 그런데 그 말을 들을수록 거기에 휘둘리고 싶지 않은 고집이 생기면서 뾰족한 날이 섰다. 창의력이 그렇게 발달하는 건 아니라는 생각이 들어서였다. 또 주변에서 가베를 산 아이들이 좋아하면서 잘 가지고 논다지만 내 아이의 성향에 잘 맞을지 확신할 수 없었다.

문화센터 가베 수업에서는 책에 스티커를 붙이거나 모양이 같은 것에 동그라미를 쳐야 했다. 그럴 때면 아이는 왜 자기 마음대로 못 하는지 의아해했다.

"왜 여기에 붙여야 하는데? 나는 손에 붙이고 싶어."

미리 정해놓은 대로 진행해야 하는 가베 교육 프로그램은 아이가 받아들이기 버거울 것 같았다. 꼭 그대로 따를 필요 없이 가베를 자유롭게 가지고 놀 수도 있지만, 그렇다면 굳이 가베를 살 필요가 없었다. 나처럼 가베를 사줄지 말지 고민스럽다면 문화센터 가베 수업을 들으며 아이의 반응을 살펴보는 것도 좋은 방법이다.

아직도 친정 엄마는 왜 가베를 안 사주냐며 나무라시곤 한다. 내가 공부를 썩 잘하지 못한 이유가 어릴 때 좋은 교구나 책들을 빨리 안 사줬기 때문이라고 엄마는 은연중에 자책하고 있는 것 같았다. 그건 엄마의 잘못이 아니라 내 능력의 한계였는데, 엄마가 되면 하지 않아도 될 자책들을 잘하게 되나 보다.

물론 좋은 교구가 있으면 아이는 신나게 가지고 놀면서 지능에도 도움이 될지 모른다. 아이의 성향에 맞으면 사는 편이 나을 것이다.

그러나 가베를 대체할 수 있는 것이 많으니 굳이 구입할 필요는 없다고 여겨진다.

아이에게 교육적으로 유익한 책이나 장난감은 가베를 포함하여 너무나 많다. 그렇지만 현실적으로 좋다고 해서 그 모든 걸 다 사줄 수는 없다. 운 좋게도 나는 주변 지인에게서 많은 책과 장난감을 물려받았고, 가족들의 선물만으로도 넘친다. 하지만 아무리 비싸고 좋더라도 아이의 취향에 맞지 않으면 구석에 처박혀 있는 신세다. 또 내가 가지고 놀아주기에도 그 가짓수가 어마어마하게 느껴져 부담스럽다.

가베를 두고 오랜 시간 고민했지만 가베를 사지 않은 걸 후회하지는 않는다. 따로 가르쳐주지 않아도 아이는 블록과 의자를 테이프로 이어 붙이며 자신이 원하는 놀이를 만들어낸다. 좋은 교구를 준비해주지 않아도 아이에게 주어진 여건에 맞춰 즐겁게 놀면서 하루를 빈틈없이 꽉꽉 채운다.

내 아이의 맞춤형
사회성 교육

학교 폭력으로 고통받는 아이들의 기사가 뉴스에 오르내리는 걸 자주 봐왔기 때문에 아이가 과연 이 험난한 사회에서 잘 이겨낼 수 있을까 걱정스러웠다. 하지만 마냥 걱정만 한다고 그 문제가 해결되지는 않기에 아이를 위해 사회성에 대해 공부했다.

여러 아이와 어울릴 기회를 많이 주면 아이의 사회성이 나아지지 않을까 하고 막연하게 생각했는데 실제로는 그렇지 않았다.

유독 사람을 좋아하는 아이는 놀이터에서 처음 만난 친구나 어른에게도 거리낌 없이 다가갔다. 그래서 다행히 사회성이 좋으니 친구를 사귀기는 수월하겠구나, 내심 안도했다. 하지만 그런 아이의 애정 표현을 받아주며 잘 놀아주는 친구들도 있었지만 그러지 않는 친구들도 많았다. 특히 형이나 누나에게 다가가서 같이 놀자고 하면 아이가 어리다고 놀기 싫어하곤 했는데, 그래도 아이는 끝까지 쫓아다니면서 운동장을 몇 바퀴 돌도록 애걸복걸했다. 아이를 쫓으려고 때리는 친구들도 있었는데 아이가 맞으면서도 같이 놀아달라고 매

달리는 통에 난감했다.

철딱서니 없는 아이는 디즈니 만화인 〈니모를 찾아서〉에 빠져서는 놀이터에서 친구들과 놀 때도 마음에 드는 장면을 떠올린다. 특히 기억력이 좋지 않은 도리가 니모 이름을 잘못 말해서 '치코'라고 부른 장면을 재미있어하는데, 친구와 놀면서 자꾸 "치코야"라고 불렀다. 친구가 그렇게 불리는 게 싫다고 말하는데도 아이는 까불거리며 계속 '치코'라고 불렀고, 그런 아이에게 화가 난 친구는 답답한 마음에 한 대 때리고 속상해서 울기까지 했다. 왜 상대방의 마음을 그리도 모르고 자기 혼자 신나죽는지 곁에서 지켜보기에 복장이 터졌다.

경찰 놀이를 할 때는 친구에게 "악당, 나쁜 놈"이라고 하자 친구도 그렇게 불리면 기분이 나쁘다고 자기도 경찰 역할을 하고 싶다고 말했다. 하지만 아이가 그 말을 듣지 않고 자신만 경찰을 하겠다고 고집을 부려서 결국 친구를 울리고 말았다.

놀고 싶은 마음은 이해하지만, 상대가 싫다고 말하면 그 기분도 헤아려서 행동할 줄 알아야 하는데 그런 능력이 부족해서 갑갑하다. 유치원생이니까 그런 분별까지는 아직 못 할 수 있고 차차 깨달아가겠거니 하지만, 초등학생이 되어 친구와 갈등하면 어떤 식으로 해결해나갈 수 있을지 아직 막막하다.

EBS 프로그램 〈부모〉에서 일할 때 '사회성'을 주제로 다룬 적이 있다. 아주대 정신건강의학과 조선미 교수님은 사회성은 부모의 노력에 따라 높일 수 있는 능력이라고 하셨다. 친구들과 어울리며 성장해야 할 우리 아이! 사회성을 쑥쑥 키워주기 위해 고민하는 부모가 많다. 무엇보다 아이의 기질에 맞게 사회성을 키우는 것이 중요하다.

🐚 소심한 아이의 사회성 키우기

내성적이고 소심한 아이의 사회성을 키우는 것이 더 어렵게 느껴지기 마련이다. 소심한 아이는 친구들과 잘 어울리지 못하여 혼자 놀기 일쑤인데, 그런 아이를 보고 있으면 엄마는 사회성을 키워주고 싶은 마음이 간절해져 무조건 아이들과 어울리게 해주려고 노력한다.

그러나 여러 친구와 어울리는 건 오히려 아이에게 스트레스를 줄 수 있다. 우선 낯선 장소보다 친숙한 공간에서 노는 것이 아이의 긴장을 풀어준다. 친구를 부르더라도 처음에는 또래 아이 한 명으로 일대일 상황을 만들어주는 것이 좋다. 내성적인 아이들은 소그룹으로 노는 데 익숙해지고 나서 점점 인원을 늘려가는 연습을 한다. 다만 부담스럽지 않게 짧은 시간 동안 자주 놀 수 있게 해줘야 한다. 무조건 친구들과 어울리게 하는 것이 능사는 아니다.

'좋은 부모 아카데미'에서 들은 내용 중 인상적인 부분이 있다. 소심해서 자기 의견을 잘 말하지 못하는 아이들은 엄마나 친구들에게 잘 맞춰주어 별 문제가 없어 보일 수 있지만 자칫 위험한 길에 빠져들기도 한다는 것이다. 그런 아이들은 자율성이 없어서 휘둘리기 쉽다. 학교에 상담하러 오는 엄마 중에서 "우리 아이는 착해서 나쁜 친구들이 시키는 대로 다 해줘요. 그 친구들이 문제예요."라고 하는 분이 있다고 한다. 이는 잘못된 양육 태도로 인한 것이다. 부모의 말에 순응하라고 교육받은 아이는 교우 관계에서도 친구가 시키는 대로 따르는 태도를 보인다.

아이가 유치원에 다니면서 폭력을 쓰거나 나쁜 말을 내뱉는 걸 보고 "우리 아이는 원래 안 그런데 친구가 하는 걸 그대로 따라 해요."라며 친구 탓을 하는 경우가 있지만 친구가 나쁜 행동을 한다고 해서 모든 아이가 모방하지는 않는다. 세상을 살면서 좋은 친구들만 만날 수는 없다. 나쁜 사람도 어쩔 수 없이 만나게 되는데 그때 자기 의견을 당당히 말하고 주관을 지킬 수 있도록 도와줘야 한다는 선생님의 말에 크게 고개가 끄덕여졌다. 아이가 스스로 바로 설 수 있는 힘을 길러야 어떤 상황에서든 견딜 수 있다.

🐌 독단적인 아이의 사회성 키우기

독단적인 아이는 놀이를 할 때면 자기 의견만 앞세워 말한다. 친구들의 의견은 듣지 않는다. 자기 말을 들어주지 않으면 과하게 화를 내고 싸우려 든다. 어떤 때는 폭력적인 행동으로 번지기까지 한다. 씩씩하지만 다소 독단적인 욕심이 많은 아이에게는 카리스마 있는 사회성 키우기 전략을 써야 한다.

보통 엄마들은 아이가 잘못을 했을 때 구구절절 설교하느라 바쁘다. 하지만 설교가 지나치게 길어지면 효과가 전혀 없다. 아이는 듣는 둥 마는 둥 딴생각으로 집중하지 못한다. 아이의 잘못을 자세히 일러줘야 고친다고 생각하지만 긴긴 잔소리는 금물이다.

이런 아이는 친구들과 대화하는 데 불편을 겪는다. 소심한 아이의 경우와는 달리 싸움이 일어나기 쉽기 때문에 친구들과 사이좋게 이야기하는 방법을 잘 가르쳐야 한다. 우선 아이를 조용히 앉힌다. 그런 다음 무릎 위에 손을 올려놓은 채 말하는 사람을 바라보게 한 후 역할 놀이 등을 통해 즐겁게 대화하는 방법을 차근차근 일러준다.

화를 잘 내는 성격인 아이에게는 스스로 진정하는 법도 알려줘야 한다. 열까지 센 다음 심호흡을 세 번 하게 하거나 아이가 좋아하는 일을 하게 하면 화나는 기분을 가라앉힐 수 있다.

🐌 산만한 아이의 사회성 키우기

산만한 아이는 활발해 보이지만 하나의 놀이를 진득하게 못 한다. 아이의 감정도 수시로 바뀐다. 친구와 곧잘 놀다가도 갑자기 다른 놀이를 해서 친구들이 싫어하는 일이 종종 생긴다. 이런 아이에게는 잘못된 행동을 정확하게 알려줘야 한다. 산만한 아이의 집중력을 키우기 위해 악기를 꾸준히 가르쳐보는 것도 하나의 대안이다. 게임이나 운동도 엄마가 함께해주면 아이는 친구들과 놀 때 규칙을 지켜야 한다는 것을 자연스럽게 체득한다.

엄마의 양육 태도와 아이의 기질이 조화를 이룰 때 아이의 사회성이 잘 발달할 수 있다. 그러나 변화무쌍한 아이를 이론에 따라 정확하게 구분하기는 무리일지도 모른다. 이론적 방법을 알아도 실천하기란 얼마나 어려운지 날마다 깨닫고 있다. 내 아이는 독단적인 성향에 가까워서 그런 아이에게 적용하는 방법들을 사용하려 해봤지만 많은 인내심이 필요했다. 이까짓 숫자 하나 세는 정도는 엄청 쉽겠다 싶었지만, 내가 실제로 아이를 진정시켜보고 나서야 '10'이 정말 세기 힘든 숫자라는 걸 깨달았다. 아이가 한시도 가만있으려 하지 않으니 1초를 버티기가 어렵다. 문제가 생길 때마다 매번 붙잡고 설명하니 아이는 아이대로 스트레스를 받고 반항심을 보이기도 했다.

"친구랑 사이좋게 놀아야지."

대체 내가 몇 번을 말해야 아이는 이 뻔한 말 하나를 지켜낼 수 있을까. 아이의 사회성이 잘 발달할 때까지 수많은 문제 상황이 닥칠 것이고, 이는 아이가 성인이 될 때까지 절대 안심할 수 없는 부분이다. 시간이 참 더디게도 흘러가겠지만 지켜봐주자.

제발 평범하기만 했으면 좋겠다는 마음도
어쩌면 지나친 욕심인 것 같다.
조금 부족하고, 혹은 너무 지나쳐서
보통이라는 기준에서 벗어나더라도 좀 어떤가.

훈육,
사람부터
되어야지

4

부모도 아이를 제대로 알기 위해
교육받아야 한다

아이를 키우며 아동 전문가와 상담하고 싶은 적이
많았다. 하지만 짧은 시간 동안 EBS 교육 프로그램 〈부모〉에서 일
하면서 느낀 점은 결국 부모가 변해야 한다는 것이었다. 그 기억에
의지하여 '나만 달라지면 되겠지.'라는 마음으로 버텼다.

굳이 상담할 필요까지는 없다고, 답은 어차피 책과 인터넷 정보에
담겨 있는 것 같았지만 양육 시간이 쌓일수록 그것만이 최선이 아님
을 알았다. 지나친 자만이었다. 드라마를 많이 봤다고 해서 내가 드
라마를 잘 만들 수 있는 게 아니듯이 육아 서적이나 다큐멘터리를
많이 보고 그 제작에 관여해봤다고 해서 아이를 잘 돌볼 수 있는 건
아니었다.

지금은 한결 나아졌지만 지난해까지만 해도 아이의 문제 행동을
잠재울 수 있는 모래 놀이 치료를 받아볼까 고민했다. 또 괜한 설레
발은 아닐까, "아이들이 다 그러면서 크는 거지." 같은 말들에 발목
을 잡혀서 아동상담센터에 가는 걸 자꾸만 미룬 채 시간을 흘려보

냈다. 아이들은 실수를 하면서 자라기 마련이지만, 그게 당연하다고 해서 방관하는 건 옳지 않다. 아이의 미숙한 점을 인정하고 개선하는 방법을 알려준 후 기다리는 것과 그냥 두고 보는 것은 차이가 크다.

　그래도 막상 아동상담센터에 가려니 왜 내 아이만 이런 문제를 일으키는 걸까 싶어 낙담했다. 그런데 부모 교육 시간에 유치원 원장 선생님이 문제를 기회로 보라고 충고해주셨다. 아이에게 설명해줄 수 있는 시간이 생긴 것이다. 만약 문제가 생기지 않았다면 알지 못했을 테니까.

　아동상담센터에 가기가 부담스러웠지만, 아이의 잘못을 바로잡을 수 있는 기회를 조금 더 빨리 알아챌 수 있었다는 데 감사할 뿐 좌절하지 말아야 한다고 내 마음을 다잡았다. 태연해지려고 노력했는데도, 아이가 잘 크고 있는지 확인하고 부족한 부분을 챙겨주려는 것인데도 마치 혼나러 가는 기분이 들었다. 아동상담센터의 문을 열고 들어가기 전까지는 심장이 아프게 떨리고 조여오는 것이 시험 성적표를 받으러 가는 것 같았다. 4년여의 시간 동안 아이를 어떻게 키웠나에 대한 평가가 내려지는 셈이니 그 압박감이 심했다.

　먼저 상담 선생님과 15분 정도 정보를 주고받았다. 그 후 아이와 선생님만 따로 놀이를 하고, 또 엄마인 나와 아이가 노는 모습을 선생님이 곁에 앉아 관찰하기도 했다.

　뜻밖에도 아이가 평소와 전혀 다른 성향을 보였다. 늘 밝고 에너지가 넘치는 아이인데 우울해 보일 정도로 침울해 있었다. 선생님과 눈을 맞추지 않고 자꾸 딴짓을 하는 것이 아이는 관심 없는 건 아예 보지 않고 새로운 놀이도 시도하지 않으려는 성향이었다.

아이의 평상시 모습과 정반대라서 당황스러웠다. 내가 몰랐던 아이의 모습이었다. 아이는 낯선 상황에 취약했다. 그동안 내가 색안경을 낀 채 아이를 바라보고 있었다. 평소에는 처음 보는 사람들에게도 거리낌 없이 적극적이었던 아이였기 때문이다. 어디에 가든 잘 놀고, 놀이터에서 만난 친구, 형, 누나들을 쫓아다니며 어울리기도 잘했다. 낯선 상황에 적응하는 능력이 뛰어난 줄 알았는데 의외의 진단이었다.

하지만 돌이켜보면 아이가 나 없이 낯선 장소에 혼자 노출됐던 적이 없었다. 아이와의 눈맞춤이 잘 안 된다고 해서 덜컹했는데 선생님은 아이가 낯선 상황에서 다른 아이들보다 적응하기 힘들 수도 있다고 했다. 특히 본격적인 상담 이전에 어떤 사건을 계기로 아이의 기분이 안 좋아졌다고 전해 들었다.

아동상담센터에 들어간 지 얼마 되지 않아서 아이가 갑자기 내게 와서는 집에 가자며 잔뜩 풀이 죽어 있었다. 알고 보니 아동상담센터의 놀이방에서 처음 본 어린 동생이 아이의 장난감을 자꾸 뺏었기 때문이었다. 아이는 순순히 동생에게 장난감을 양보했는데 그 이후부터 마음대로 장난감을 가지고 놀지 못한 것이 속상했는지 의기소침해졌던 것이다.

드센 아이가 어린 동생에게 장난감을 내주다니 신기할 정도였다. 예전 같았으면 자기가 뺏으면 뺏었지 뺏기지는 않았을 텐데. 유치원을 다닌 후에 생긴 변화인 듯하다. 상담 선생님도 아이의 강한 성향은 유치원에 다니고 나서 나아진 것으로 보인다고 했다. 그러나 이런 감정 기복도 좋은 신호는 아니니 개선의 노력이 필요하다고 했다.

상담 선생님은 지금은 아이한테 크게 문제 될 사항이 보이지 않으므로 다음 두 가지 방법만 잘 실천하라고 처방하셨고 아동상담센터에 더 다닐 필요는 없었다.

상담 후 처방
- 역할놀이 더 다양하게 하기
- 하루 10분 일대일 대화

솔직히 처음에는 아이가 평소와 다른 상태였기 때문에 제대로 관찰하지 못했을 수도 있다는 의구심에 이 진단이 절반은 맞고 절반은 틀린 것도 같았다. 단 한 번, 고작 몇 분만으로 아이의 성향을 판단할 수 있을까 의심스러웠다. 이후 상담 선생님의 말에 내가 아이의 모든 행동을 끼워 맞추고 있다는 느낌도 들었다. 평상시에는 문제가 없어 보이니 내 아이는 괜찮다고 우기고 싶은 심정이 솟아오르곤 했다. 그러나 차츰 내 아이를 제대로 진단했다는 걸 알게 됐다.

아이와 함께 처음으로 직업 체험관에 갔을 때였다. 첫 체험은 잘 해내는가 싶더니 끝나고 나니까 아이가 새하얗게 질려서는 배가 아프다고 토할 것 같다며 힘들어했다. 그때는 내가 잠깐 다른 곳에 가 있느라 아빠하고만 있어서 그런 거라고 치부했지만 며칠 뒤 비슷한 체험관에 갔을 때도 아이는 그곳에 들어서자마자 배가 아프다며 주저앉았다.

낯선 곳에 취약한 아이의 모습은 엄마인 나에게 큰 충격이어서 아이 몰래 눈물을 훔쳤다. 정말 좋아할 줄 알고 들떠서 데려온 곳에서 아이가 힘들어하는 모습을 보니 쇳덩이가 가슴을 찧어 누르듯 아팠다. 다른 아이들은 웃으면서 즐거워하는 데 반해 내 아이는 잔뜩 긴장하고 있었다. 소방관이 되어 불을 끄며 웃는 아이를 기대했는데…….

그래도 얼어 있는 아이에게 놀란 내색을 하지 않고 계속 큰소리로 응원해줬다. 차츰 아이는 스스로 소방 모자를 가져와서 "여기요." 하며 체험관 선생님에게 씌워달라고 말하는 등 적극적인 태도로 바뀌었다. 구급대원이 되어 들것으로 환자를 이송할 때는 "비켜주세요!" 하고 크게 외치며 씩씩하게 구는 모습이 기특했다. 한두 시간이 지나서야 아이는 웃으며 내게 손을 흔들 여유가 생겼다. 다른 아이보다 적응하는 시간이 오래 걸릴 뿐이었다. 더욱이 그 시간을 아이가 스스로 극복해내고 있으니 크게 걱정할 문제는 아니다.

유치원에서 여름방학을 맞도록 아이는 통원 버스에 타지 않겠다고 울곤 했다. 그러다가도 막상 유치원에 다녀와서는 재미있었다고 신나하는 모습을 보면 다른 아이들에 비해 느려도 잘 견뎌내고 있는 것이라. 느림보 걸음으로 천천히 나아가는 게 답답하긴 하

4 / 훈육, 사람부터 되어야지

지만 내 아이에 대해 더 신중한 고민으로 바라볼 수 있는 시간이다.

　말썽 부리는 아이를 보면서 아무 대책 없이 한숨부터 쉬었다.
'이토록 어린 것이 언제 사람이 될까?'
　처음에는 아이를 탓했다. 하지만 나부터 사람이 되어야 했다. 내
문제였다. 아이는 부족하기 마련이듯 부모인 내가 부족한 것도 당연
하게 받아들여야 했다. 그런데 나에게 무엇이 부족한지 알면서도 고
쳐지지 않으니 나 자신이 더욱 싫어졌다.
　아동상담센터에서 조언해준 대로, 유치원의 부모 교육 시간에 배
웠던 대로 행동하려 했다. 전에는 무조건 핏대를 세우면서 "하지 마,
안 돼!"라고 했지만, 이젠 아이에게 공감해주고 화내지 않으려고 노
력했다. 그런데도 곧잘 욱하는 성질이 튀어나왔고, 그러고 나면 후
회와 자책이 밀려왔다. 아이가 온 집에 쌀을 흩뿌린 날, 나는 아이에
게 공감해주지 못하고 버럭 화내고 말았다. 부모 교육을 열심히 받
으면서도 부드럽게 넘어가지 못하는 내가 너무 한심스러운 부모로
느껴졌다.
　단 한 번의 상담으로 아이도 나도 고쳐지길 바라는 것은 내 욕심
이리라. 시에서 무료 부모 상담을 해주는지 아이가 다섯 살이 다 되
도록 몰랐는데 주변 엄마들에게 도움이 되었다는 말을 듣고 신청하
게 됐다. 부모 상담을 신청한 가장 큰 이유는 아이의 문제 행동에 대
한 걱정보다 내 마음을 안정시키기 위함이었다. 불안에 떠는 대신
누군가에게 속 시원하게 털어놓는 편이 나았다.

육아 상담료는 보통 7~8만 원이다. 부담스러운 금액인데 시에서는 무료로 부모 상담을 해주니 더욱 좋다. 지역마다 육아종합지원센터 웹사이트에서 신청하면 된다. 내가 사는 시에서는 온라인으로 상담할 수도 있고, 개별 면담을 신청해 전문가와 직접 만날 수도 있다.

이전에 아동상담센터를 한번 방문한 경험이 있고, 유치원 선생님들에게 많은 조언을 얻은 상태여서 솔직히 별 기대는 하지 않았다. 하지만 정말 큰 도움이 되었다. 나름대로 '반영적 경청'과 '나 전달법'을 잘 실천하고 있다고 자신했는데 그렇지 않았다. 내가 적어낸 문제 상황들에서 내 훈육 방법 중 무엇이 잘못됐는지 전문가가 콕 짚어줬다.

문제 상황을 적어보니 정작 나는 반영적 경청 중에도 자꾸만 규칙을 말하고 가르치는 데 치중했다. 반영적 경청을 시늉만 내고 있었던 것이다. 상담 선생님은 반영적 경청이 필요한 상황에서는 아이에게 훈육하지 말고 공감만 해주라고 하셨다. 진심으로 올바르게 공감할 줄 알아야 했다.

- 형식적으로 공감하는 시늉만 하지 말고 진정한 공감을 해줄 것
- 모든 상황에서 규칙을 가르치며 훈육하려 들지 말 것
- 일방적으로 말하지 말고 아이에게도 선택권을 줘어줄 것
- 필요하다면 충분히 공감한 이후에 훈육할 것
- 단호하게 말하고, 길게 말하지는 말 것

결국 아이 때문에 화가 난 게 아니라 공감 능력이 부족한 내 문제였다.

새롭게 느끼게 된 점이 또 하나 있었다. 갑작스레 아이를 가진 엄마는 다른 사람들보다 자존감에 더 문제가 생길 수 있다는 것이다. 은연중에 그런 마음이 들기도 했지만 나는 대수롭지 않다고 크게 신경 쓰지 않고 지나쳐버렸고, 내 마음을 들여다보지 않았다.

나는 아이와 같이 노는 것에만 오로지 집중해야 할 때도 그러지 못하고 자꾸 짬을 내서 뭔가를 쓰려고 한다. 새벽에 아이가 잘 때 그 옆에서 깜빡 잠들기도 하는데 그럴 때면 글을 쓰지 못했다는 자책감에 시달리거나 그 시간을 활용하지 못했다는 것이 억울하기도 하고 스트레스를 받았다. 아이가 성장할수록 아이에게 푹 빠져서 놀아주는 시간이 적어졌다.

'좋은 부모 아카데미'에서 '욕구 강도 프로파일'을 해보니 나는 즐거움의 욕구가 가장 높게 나왔다. 아이가 만화영화를 볼 때 바로 옆에 앉아서 내가 글을 쓰고 있으면 아이는 내 머리를 끌어당기며 집중해주기를 원한다.

"엄마 글 쓰지 마!"

아이가 재미있는 만화를 나도 함께 봤으면 하는 건 알겠는데 그럴 때면 조금 속상하다. 엄마도 따로 하고 싶은 일이 있는데 왜 아이는 잠시도 그 시간을 허락해주지 않을까.

엄마가 짜증이 나 있으면 아이도 짜증 내고 불안해한다. 그렇기에 엄마도 스트레스를 해소할 수 있는 일을 해야 한다. 내 경우에는 유일한 해소법이었던 글쓰기를 하지 못하고 있어서 답답했다. 내가 쓴 육아 기사에 대해 오해가 생겨서 비난을 받은 이후였는데 다시 그런 일이 생길까 봐 두려워 쓰기 힘들다고 고민을 토로했다.

"여러 사례를 분석하고 연구하는 육아 전문가조차 사람들에게 욕을 먹어요. 초보 엄마의 경우는 지극히 개인적인 한 아이의 사례를 쓰는 것이니 더욱 지적을 받을 수 있는 거죠. 이 점을 인정하고 계속 써나가세요."

상담 선생님은 쓸 수 있는 한 계속 쓰는 것이 좋다고 용기를 주셨다. 몇 달을 제대로 글 한 줄 쓰지 못하는 내 심리 상태가 육아에 나쁜 영향을 끼치고 있다는 걸 깨달았다.

그 상담을 받고 난 이후에야 글 한 줄 쓰기도 어려웠던 때와 달리 짧게라도 쓸 수 있게 됐다. 쉽게 끝나지 않을 것 같았던 고민이 50분의 상담으로 풀리고 있다는 게 희한하기도 하다.

엄마의 문제가 아이에게 영향을 주지 않도록 나와 비슷한 고민을 하는 엄마들도 여러 방면으로 도움을 받으면서 극복했으면 한다. 상담을 받는다는 데 거부감을 갖지 말고 용기를 내기를 적극 추천하고 싶다.

나는 유치원에서 진행하는 부모 소모임도 매 학기마다 신청할 것이다. 육아에 대해 도움을 받으려면 책도 좋지만 여러 오프라인 강의나 소모임에 참여하는 것이 가장 보탬이 된다.

손이 많이 가는
아이

한창 아이에 대한 고민이 많은 때였다. 유치원이
끝난 후 엄마들과 놀이터에서 잘 노는 아이들을 바라보다가도 답답
함에 한숨을 쉬며 고민을 토로했다.

"우리 아이는 도대체 왜 이리 문제가 많은 걸까요."

"관심을 더 많이 가져줘야 하는 아이, 손이 많이 가는 아이일 뿐이
래요."

내 아이와 비슷한 성향의 아이를 둔 선배 엄마가 건넨 위로의 말
이었다. 그 엄마도 예전에 나와 비슷한 고민으로 시의 무료 부모 상
담소를 찾았는데 그때 상담 선생님이 해주신 말이라고 했다.

특히 남아가 훈육 시 딴청을 부리는 경우가 많은데 아이 뇌의 특
성이니 이해해줘야 한다고 한다. 자꾸 눈길을 돌리며 잘 훈육되지
않는 게 내 아이의 문제가 아니라 단지 자라는 과정에서 아직 덜 발
달했을 뿐이라는 것이다. 내가 잘못 키우고 있어서 내 아이만 유독
이런 건 아닐까 죄책감에 시달렸는데 그럴 일이 아니었다.

생후 36개월 즈음, 밤잠이 없었던 아이는 새벽 2시까지 울어댔다. 이웃의 단잠을 깨울 것 같아 아이의 기분을 전환해주려고 밤 산책에 나섰다. 동네를 한 바퀴 돌고 시간이 너무 늦어 집으로 향하니 아이가 구름이 예쁘다며 집에 안 들어가겠다고 생떼를 썼다. 더는 안 되겠다 싶어서 강제로 집에 데리고 들어오자 아이는 울음보가 터졌다.

"구름이랑 놀고 싶었는데 엄마가 데려와서 속상했어."

나는 머리끝까지 화가 치밀어 올랐다가 아이의 말을 듣고는 웃고 말았다. 그러자 아이가 원망스러운 눈길로 나를 노려봤다.

"엄마는 왜 내 심장을 아프게 해? 두근두근 심장이 아팠어."

그 말에 또 내 심장이 쿵 내려앉았다. 아이가 떼쓰는 건 당연한데 나는 왜 거기에 열을 받는 건지. 아이를 더 보듬어주고 그 시간을 소중히 할 걸 후회했다. 이 천진한 아이는 구름하고 얘기하고 싶었을 뿐인데……. 오로지 잠을 재워야 한다는 목표만으로 아이의 마음을 헤아리지 못했다.

아이의 마음을 잘 알아줘야 하는데 어째 연애할 때보다 더 어렵다. 그 마음을 알고 싶어서 다가가면 아이는 짓궂은 말썽들로 한없이 멀어지게 만든다. 이제 좀 아이를 알 것 같고 잘 맞는다 싶으면 또 고무공처럼 어디로 튈지 몰라 전전긍긍하게 된다.

세 살, 장난기가 최고조에 달했을 때 아이는 침대에 온통 CD를 널브러뜨리는 걸 좋아했다. 오랫동안 쓰지 않아 서랍에 꽁꽁 숨겨놓은 걸 귀신같이 뽑아낸다. 그 난장판에도 아이는 씨익 웃으며 나를 본다.

"CD가 심심할까 봐 다 같이 꺼내놨어."

마음이 참 예쁘기도 하구나. 그런데 네가 심심한 게 아니고? CD의 마음까지 안아주는 아이는 언제쯤 엄마 마음도 알아줄까. 육아는 연애이다. 오늘도 엄마는 아이와 밀당 중이다.

동그란 아이로
키운다는 것

아이가 조금만 더 잘해줬으면, 어디에 가든 사랑받았으면…… 하고 둥글둥글하게 어울리며 살 수 있기를 바란다. 뾰족하게 모난 아이를 어떻게든 둥글게 깎아주고 싶은 게 엄마 마음이다.

"그렇게 하는 것보다 이렇게 하는 편이 더 좋지 않을까?"

"목소리를 조금 낮춰서 얘기하는 게 더 편할 거야."

하지만 이렇게 깎다 보면 아이가 타고난 역량보다 더 작아질 수도 있다는 유치원 원장 선생님의 말씀에 내 마음대로 아이를 깎아낸 건 아닌지 반성하게 됐다.

다른 아이들은 아무 문제 없이 잘 굴러가는데 내 아이만 왜 삐걱대며 나아가지 못하는지 답답할 때가 있다. 아이와 내가 잘 맞지 않는 부분들은 더 도드라지고 모자라 보인다.

"너는 왜 그러는데? 대체 왜 그러니?"

이 말이 먼저 튀어나오게 된다. 아이의 행동이 궁금해서 물어보는 게 아니라 내 머리로는 이해되지 않을 때 아이에게 혼내는 어투로 따지곤 한다.

추운 날인데도 선풍기를 틀겠다고 하면 아이가 행여나 감기에 걸릴까 걱정스럽다. 내 걱정이 앞서서 아이 몸에 열이 많아 그런 걸 알아주지 못하고 쏘아붙이곤 했다. 보통은 선풍기를 창고에 집어넣어야 할 계절이어서 별로 덥지 않은데 아이는 조금만 자고 나도 등이 땀으로 흥건히 젖었다. 아이는 한시도 가만있지 않기에 선선한 날에도 목이 땀으로 번들거렸다. "남들은 다 추워서 긴소매를 입는데 너는 이 날씨에 무슨 선풍기야!"라며 불퉁거리는 대신 아이의 땀을 닦아줘야 했다.

"더웠구나. 바람이 많이 불어서 엄마는 추운데 너는 덥구나."

아이는 다른 사람보다 에너지가 많고 더위도 더 잘 탄다. 이런 사소한 것마저 다른 사람들의 기준에 맞춰서 아이를 끼워 넣었다.

유치원 부모 교육 첫 시간에 '에니어그램' 테스트를 해볼 기회가 있었다. 자기 성향을 알아보는 것이었다. 육아 지식을 배우러 왔는데 왜 이런 걸 하나 싶었다.

내 경우는 머리형인 '7유형 w8'이었다. 즐거움과 자유로움을 추구하는 데 반해 공감 능력이 약하고 끈기가 부족해 아이를 너무 자유분방하게 양육할 수 있다는 결과가 나왔다. 그래서 아이가 스스로 정체성을 찾는 데 오랜 시간이 걸리기도 한다니 걱정스러웠다.

사실 아이가 절제하는 법을 알 수 있도록 놀이 후에는 스스로 정돈할 수 있게 도와주고, 꼭 해야 하는 일을 정해서 싫어도 해야 한다는 것을 알려줘야 한다. 아이가 꼭 해야 할 일로 장난감 정돈을 스스로 하도록 이끌어야 하는데, 한편으로 내 속에서는 아이가 장난감을 정리할 시간에 그냥 더 놀았으면 좋겠다는 마음이 앞서서 내버려두기도 했다.

엄마가 규칙도 없이 왜 이렇게 우유부단할까, 내가 봐도 나는 참 답답한 엄마다 싶었는데 에니어그램 테스트를 하고 나서 자유롭고 즐거운 걸 좋아하는 나의 성향 때문이었음을 깨달았다. 나는 대체 어떤 엄마인지, 아이를 교육할 때 어떤 점을 조심해야 할지, 복잡했던 머릿속이 정리됐다.

'내가 이런 생각을 가지고 있었구나.'

나를 이해하면 어떤 순간에 화가 나는지, 즐거운지 알고서 다스릴 수 있다. 나의 강점과 약점을 이해하고 최상의 상태를 유지하도록 노력하는 데 도움이 된다. 그래야 다른 사람, 내 아이도 이해할 수 있는 거니까.

그런데 나를 화나게 한다고 해서, 내 방식대로 안 따라준다고 해서 아이를 이해하지 않으려 했다. 내 멋대로 정한 기준에 맞춰서 아이를 구속하고 거기에서 한 치라도 벗어나면 큰일 난 것처럼 혼냈다.

제발 평범하기만 했으면 좋겠다는 마음도 어쩌면 지나친 욕심인 것 같다. 조금 부족하고, 혹은 너무 지나쳐서 보통이라는 기준에서 벗어나더라도 좀 어떤가. 동그랗게 만든 울타리 안에 아이를 가두고 '딱 여기까지만이야!' 하며 벗어나지 못하게 한다고 아이가 잘 자랄 수 있을까? 그곳에 갇힌 채 더 울퉁불퉁한 아이가 되지 않도록 내가 쳐놓은 울타리를 조금씩 무너뜨려야겠다.

아이가 자기 잘못을 모를 때는
훈육 금지

아이가 다른 사람에게 잘못하면 엄마들은 달려가서 그 사람에게 당장 사과하라고 아이를 몰아세운다. 혹은 아이를 향해 호되게 소리를 지르며 야단치거나 심한 경우에는 손이 나가기도 한다. 나도 그런 마음으로 아이를 혼내기에만 바빴다.

하지만 부모가 이렇게 반응하면 아이에게서 자기 잘못을 살필 기회를 뺏게 된다고 한다. 잘못에 대해 꾸짖으면 아이가 알아서 반성할 거라고 여기겠지만 아이의 마음은 도리어 덧나서 곪는다.

무조건 혼내면서 사과를 강요하는 것은 절대 금물이다. 영리해진 아이는 사과를 하면 끝이라는 공식을 금세 파악한다. 그래서 마음에도 없는 사과를 서둘러 할 수 있다.

"예예. 잘못했어요."

내 아이도 이런 성의 없는 사과를 하곤 했다. 이런 사과는 솔직히 안 하느니만 못하다. 오히려 상대의 기분을 상하게 하고, 아이도 "미안하다고 했잖아!" 하면서 '그럼 된 거지.'라는 식으로 제멋대로 마

무리 지으려 한다.

육아 고민들 중 하나여서 유치원 원장 선생님에게 면담을 요청하니 그동안 지켜본 아이의 행동을 토대로 조언해주셨다. 그래도 조금은 자신이 잘못한 걸 알지 않을까 기대했지만, 선생님은 이런 경우에 아이가 자기 잘못을 전혀 깨닫지 못하고 있는 것이라고 말씀하셨다.

학기 초에 유치원 강당에 높이 쌓여 있는 매트 위로 아이와 한 친구가 올라갔다. 선생님이 아래로 떨어질 수 있으니 내려오라고 주의를 줘도 두 아이는 내려오지 않았다.

그래서 잘못을 알려주기 위해 체육 시간이 다 끝난 후 다른 아이들은 모두 교실로 돌려보내고 두 아이만 남게 했다. 그러면 어떤 분위기인지 좀 파악해야 하는데 내 아이는 그러지 못했다. 친구는 잘못에 대해 진심으로 사과한 데 반해, 내 아이는 대충 "미안합니다." 하고 말로 건성건성 때우고는 룰루랄라 딴청을 부렸다.

아이의 그런 모습을 보고 선생님은 잘못을 지적하기보다는 높은 곳에서 떨어질 수 있으니 조심해야 한다고 타이르기만 하셨다. 혼나는 걸 모면하려고 그 상황을 아예 차단하려는 습관이 있는 아이에게는 긴 훈육이 소용없기 때문이었다.

무엇이 잘못인지도 모르는 아이를 혼내면 반발심만 키울 수 있기에 옳고 그른 것에 대한 규칙을 세워주는 게 먼저였다. 혼나게 된 이유부터 설명하여 아이를 이해시킨 후 훈육을 하는 것이 바람직한 순서였는데 나는 매번 혼부터 내고 시작했다.

내가 깊은 한숨을 쉬니까 선생님은 그래도 아이가 재빨리 사과한다는 것은 '순응'하는 기질도 있다는 의미이니 이를 훈육에 이용하면 빨리 나아질 수 있을 거라고 희망을 보여주셨다. 즉 규칙을 알려주면 아이가 쉽게 순응하며 따를 수도 있다는 말이니.

선생님은 아이가 다른 친구에게 잘못했을 때 차근차근 대응하는 법도 알려주셨다. 보통은 때린 아이를 먼저 비난하는데, 그러기보다는 맞아서 다친 아이를 먼저 챙긴 후 때린 아이를 훈육하는 것이 맞다. 즉 아이의 잘못을 추궁하는 데 초점을 맞추지 말고, 아이에게 피해를 입은 친구에게 집중해야 한다. 그러면서 아이도 친구가 얼마나 아팠을지 스스로 깨닫게 된다.

부모가 아이를 이해하면서 가르치는 것과 아이를 부정하면서 가르치는 것은 큰 차이가 있다. 후자의 경우 아이의 반발심만 자극할 뿐이다. 엄마들은 깜짝 놀라서 반사적으로 혼내는 말이 먼저 튀어나오지만, 꾸지람은 도로 삼키고 아이가 말로 표현하지 못하는 걸 채워준다.

"친구를 때린 걸 보니 속상한 일이 있었구나. 왜 그랬어?"

잘못을 해놓고 놀랐을 아이의 마음을 엄마가 대신 읽어주는 게 첫 번째다. 아이가 말할 수 있다면 왜 속상했는지 구체적으로 말하게 돕는다. 다만 본질을 흐리지 않아야 한다. 엄마도 사람이라 화난 어조로 말하기 쉽지만 차분하게 말하려고 노력하자.

또한 아이가 무엇을 잘못했는지 알고서 친구에게 구체적으로 사과할 말을 찾을 수 있도록 적절한 질문을 건넨다. 사과할 때 어떻게 얘기할 건지 물어보면 아이들은 그저 간단히 "미안하다고 할 거에요."라고 말하기 때문이다. "그 친구가 왜 화났을까?"라고 묻거나 친구에게 사과하는 상황을 가정하여 역할 놀이로 연습시킨다.

잘못했다고 해서 아이가 집에 돌아왔을 때 가족들이 돌아가면서 그날의 잘못에 대해 한마디씩 하는 건 아이를 혼란스럽게 할 뿐이다. 특히 대가족일 경우에는 각별히 주의를 기울인다. 아이의 잘못에 대해 가족들에게 얘기할 때는 강하게 말하기보다는 순화해야 한다.

"오늘 이런 일이 있었는데 앞으로는 조심하기로 했어요."

"그건 옳지 않은 행동이었지만, 다시 그러지 않겠다고 약속한 것은 칭찬해주세요."

'엄마'라는 말을 가르쳐주려고 수천 번 말해줬듯이 아이가 잘못을 했을 때도 그때의 초심으로 돌아가 반복해서 타일러보자. 무엇이 잘못인지, 또 잘못했을 때는 어떻게 대처하는 것이 옳은지 수만 번이고 반복할 각오를 되새긴다.

끝없는 왜! 왜! 왜!
왜 때리면 안 돼?

아이의 말문이 트이면 끝없는 질문이 쏟아진다. 아이가 옹알거리는 말이 귀여워서 정성껏 대답해줬다. 다섯 살이 되자 그동안의 내 설명들이 빛을 발해서 아이가 아는 것이 정말 많아졌다. 그래서였는지 나는 은연중에 아이가 '알고 있겠지. 설마 모르겠어?'라고 넘기면서 더 설명해줘야 할 부분들을 놓치고 있었다. 이제 어느 정도 컸으니 어지간한 건 다 알아듣겠지, 라는 마음이 컸다.

그런데 어느 아침에 일어나서는 아이가 어제 일이 떠올랐는지 잠이 덜 깬 목소리로 물었다.

"친구들을 발로 때리면 왜 안 돼?"

예전 같았으면 '아직 잠이 덜 깼나. 진짜 왜 그런지 몰라서 묻는 거야? 요 녀석이 어디서 또 장난이야.' 하고 괘씸해 보였을 것이다. 이제는 안다. 정말 모르는 것이다.

아니 너무나 당연한 걸 대체 왜 모를까. 답답하기도 하고 어이없기도 했다. 그동안 수없이 말해줬는데 아이는 왜 아직도 모르는 걸까. 친구를 발로 때리면 안 된다는 규칙은 무수히 주입했지만 '왜'에 대해서는 알려주지 않았다. 어른에게는 너무나 당연한 것이지만 아이에게는 당연한 것이 하나도 없었다.

왜 그래야 하는지 이유를 알리는 것이 이토록 중요한지 깨닫기까지 나도 오랜 시간이 걸렸다. 아이가 유치원에 입학한 지 3개월이 지나서 처음으로 원장 선생님과 상담했는데, 그동안 아이를 지켜보신 선생님이 다른 아이들은 왜 혼나는지 아는데 아이는 진짜 모르고 있다고 하셨다. 아마도 아이가 강한 훈육을 받은 탓일 거라고 짐작하셨다.

잘못했을 때 호된 호통을 듣거나 손찌검을 당하면 자기 잘못의 이유에 대해 생각하는 힘이 사라지고 앞으로 만회할 기회도 잃어버린다고 한다. 날아가버린 그 기회를 다시 잡기 위해서는 엄청난 시간이 필요하다. 선생님은 그걸 깨닫게 해주려면 1년은 기다려야 한다고 하셨다. 너무 오랜 기다림이지만 진득하게 아이의 당연한 물음에도 당연하지 않은 것처럼 매번 새롭게 대답해줘야겠다.

잘못한 상황의 맥락을
이해시키기

아이가 잘못을 하고도 자신이 무슨 잘못을 했는지 잘 모르는 경우는 대부분 어떻게 된 상황인지 그 맥락을 파악하지 못하기 때문이다. 그런 아이에게 잘잘못을 따지는 것은 아직 입도 떼지 못한 갓난아이에게 "엄마"라고 말해보라는 것과 마찬가지라는 것을 뒤늦게 알게 됐다. 아이가 상황을 파악하는 능력부터 기르도록 도와주자.

음악에 맞춰 손동작하기

유치원 원장 선생님이 알려주신 방법이다. 예를 들면 〈달달 무슨 달 쟁반같이 둥근 달〉 노래를 부를 때 '달'이 나오는 부분에서 손뼉이나 탁자를 치는 놀이를 한다. 이런 놀이를 통해 집중하는 연습을 할 수 있고, 친구나 선생님의 말도 주의 깊게 들을 수 있다.

🌱 다양한 상황에서 유연하게 대처하도록 역할 놀이 하기

또래와의 다툼이 벌어지는 상황을 연출했다. 아이와 놀다가 아이가 좋아하는 장난감을 빼앗으면서 이렇게 말했다.

"친구야, 내가 가지고 놀고 싶어."

내가 갑자기 이렇게 행동하면 아이는 조금 당황해하다가 씨익 웃는다.

"엄마 지금 누구야?"

"네 친구야."

"친구야, 나 가지고 놀래."

"나도 가지고 놀고 싶다니까."

그러면 아이는 처음에는 떼쓰며 울어도 이렇게 역할 놀이를 할수록 점점 이 상황에 맞는 대처법을 터득해갔다. 장난치는 것 같지만 이것이 몸에 배면 습관이 되고 실전에서도 잘 써먹을 수 있다.

🌱 책 읽는 시간을 정하기

8시에 책을 읽자고 약속하고, 아이와 같이 시계의 8과 12에 스티커를 붙인다. 시곗바늘이 여기까지 오면 책 읽는 시간이라는 것을 아이가 의식하도록 해서 약속의 개념을 가르친다.

🌱 책을 읽으며 묻고 답하기

책을 한 권 다 읽은 후에도 여러 번 반복해서 읽는 편이 좋다. 처음에는 몰랐던 것들을 두세 번 읽으면서 차츰 발견해나가는 재미를 느낄 수 있다. 처음에는 글자를 따라 읽어주고, 그 후에는 아이와 그림을 더 자세히 들여다보면서 서로 궁금한 것을 묻고 답한다.

책을 읽으며 대화할 때 주의할 점이 몇 가지 있다. 엄마가 묻는 말에 아이가 대답을 안 한다고 해서 왜 그러냐고 채근해서는 안 된다. 아이가 대답하지 못할 때는 엄마가 대신 대답해준다. 아이에게 본보기를 보여주는 것이다. 그리고 "다음에는 엄마가 말한 것처럼 대답해줘."라고 아이와 약속한다.

이런 과정 속에서 아이는 전체적인 상황을 세심하게 파악하는 훈련을 할 수 있다. 규칙도 일방적으로 강요할 때보다 그런 규칙이 생겨난 맥락을 이해할 때 아이도 더 잘 배우게 되고, 무엇이 옳고 그른지도 서서히 깨달을 것이다.

아이를
잘 혼내는 방법

아이의 버릇을 고치려면 다시는 잘못하지 않도록 단단히 혼내라는 소리를 많이 들었다. 나도 그 말에 동의하여 강한 훈육법을 써왔다. 하지만 내 아이에게는 정말 잘못된 방법이었다.

약하게 혼내는 것도 바람직하지 않지만 강하게 훈육하면 아이는 두려움에 자신이 잘못한 걸 잊는다. 꾸지람을 듣는 원인이 자신에게 있다는 것은 뒷전이다. 그저 혼나는 상황만 힘들 뿐이다. 부모가 아이를 혼내는 것은 겁주기 위함이 아니라 아이의 잘못을 알려주기 위함인데 그게 전해지지 않고, 아이는 겁나는 상황에만 압도되어버린다. 아이를 키우면 혼내는 것조차 어렵다.

아이가 어렸을 때 혼낼 일이 생기면 아이의 손을 그러잡고 훈육을 했다. 아이는 내 손을 뿌리치려고 발버둥을 쳤다. 단단히 혼내야겠다는 결심을 하고 1시간 가까이 힘겨루기를 하며 어떻게든 아이를 이기려 했다. 아이를 이겨서 뭘 어쩌자고 바득바득 애쓴 건지, 중요한 점은 아이의 화난 마음을 살펴보는 것이다.

아이의 친구도 한창 심하게 엄마를 물 때가 있었다고 한다. 그 친구도 엄마가 혼낼 때는 도망가고 떼쓰기 일쑤였는데, 어느 날 혼내는 대신 손을 부드럽게 잡아주며 마음을 읽어주니 친구의 태도가 변하기 시작했다고 한다.

"네 마음대로 안 되니까 화가 나서 엄마를 물었구나."

그랬더니 혼날 때는 눈길도 마주치지 않으려던 친구가 더 이상 피하지 않고 눈맞춤을 해와서 그 엄마도 깜짝 놀랐다고 한다. 이 짧은 한마디가 아이의 마음을 움직인 것이었다.

'좋은 부모 아카데미'에서 일단 욕구가 충족돼야만 욕구 조절도 할 수 있는 것이란 걸 배웠다. 먼저 아이의 욕구를 읽어주고 공감해준 후 스스로 욕구를 조절하는 힘을 길러준 다음에야 아이도 자기 욕구를 조절할 수 있다고……. 너무도 당연한 순서였는데 나는 그 순서를 건너뛰려 했다.

'좋은 부모 아카데미'에서 아이를 혼냈던 상황을 재연해봤다. 어느 날 아이가 그림책을 보다가 울상을 지으며 없는 그림을 만들어내라는 통에 30분 넘게 실랑이를 벌였다.

"엄마, 왜 바다 그림이 없어졌어?"

"원래 이 책에는 바다 그림이 없었어."

"아니야. 있었어!"

이 상황을 한 사람은 엄마가 되어서 의자 위로 올라가고, 다른 사람은 아이가 되어서 앉은 채 대화를 나누었다. 내가 아이 입장이 되어 엄마 역할인 사람을 올려다보려니 중압감이 확 느껴졌다. 순전히 억지를 부리는 줄 알았는데, 아이는 바다 그림이 정말로 있었다고 기억했기에 많이 답답했겠다고 짐작됐다.

　한번은 아이가 계곡에서 놀다가 물고기를 잡던 비닐봉지에 구멍이 났는데 그걸 막아달라고 울음을 터뜨렸다. 구멍을 막을 만한 도구가 없어서 아이의 요구를 들어주기 곤란했으므로 자포자기 심정으로 우는 아이를 바라보기만 했다. 그때 테이프가 없었어도 비닐 끝을 묶어서 구멍을 막아주는 시도는 해볼 수 있었겠다는 방법이 떠오르자 아이를 방치한 것 같아 후회가 밀려왔다. 말도 안 되는 요구라고 치부했기에 차선책은 시도하지도 않고 아이를 무시했다.

　아이들은 부모가 어떤 태도로 자신을 혼내려는지 안다. 아이에 대한 이해 없이 혼내면 달아나지만, 마음을 읽어주며 다독이면 엄마에게 안긴다. 어디로 튈지 모르는 아이의 마음을 붙잡으려다 보면 끝없는 술래잡기를 하는 기분이 든다. 그게 힘들다고 아이의 속마음을 찾아내지 않으면 엄마 품에서 영영 떠나버린다. 꼭꼭 숨어버리지 않도록, 도망가지 않도록 아이를 꼭 안아줘야지.

하루 10분
눈맞춤 대화

간혹 하고 싶지 않은 걸 강요하거나 야단을 치는 상황에서 아이가 내 눈을 피할 때가 있다. 그럴 때면 엄마 가슴은 또 덜컹 내려앉는다.

상담 선생님이 눈맞춤 시간을 가지라고 하기에 '그까짓 일 쉽지!' 하고 우습게 여겼다. 엄마가 질문하고 아이가 대답하는 형태가 아니라 오늘 하루 있었던 일을 얘기하는 것쯤은 별것 아니라고 자만했다. 하지만 딴짓쟁이 아이는 자꾸 뒹굴뒹굴 장난을 친다. 10분이 이토록 긴 시간이었던가. 아이를 집중시키기 위한 대책이 있어야 했다.

세상에서 가장 대화를 많이 하는 엄마와 아들이라고 자부했다. 우리는 하루 종일 쉴 새 없이 종알거리는 편이다. 주로 아이가 장난감을 가지고 놀 때 그 곁에서 같이 놀아주거나 동화책을 보면서 서로 얘기하며 아이의 질문에 대답해줬다. 그 시간들도 소중하지만 질적으로도 높아야 한다는 걸 놓치고 있었다. 게다가 아이의 얼굴을 바로 보며 얘기하는 건 짧은 시간에 불과했다.

하지만 자꾸만 장난을 치려는 아이와 얼굴을 마주 보려면 많은 시간 공들여야 한다. 이런 방법들을 써보자.

🖍 얼굴을 관찰하도록 유도하라

"우와, 우리 아기 눈은 참 예쁘다. 엄마 눈도 갈색인데. 여기 눈썹은 어떤 것 같아?"

엄마 얼굴에 집중할 수 있도록 생김새에 대해 이야기를 나누니 아이는 내 얼굴을 보려고 딴짓을 멈췄다.

🖍 표정 퀴즈

두 손으로 얼굴을 가렸다가 "짠!" 하고 보여주며 슬픈 표정, 웃는 표정, 화난 표정 등 갖가지 감정을 보여준다.

"어떤 기분일까?"

"화난 거야!"

입꼬리를 내리며 우스꽝스러운 표정을 지으면 아이는 좋아서 히죽대며 자기도 퀴즈를 내보겠다고 한다. 감정이나 느낌을 나타내는 여러 단어를 사용하여 기분을 표현하는 방법을 알려주기에도 적절한 놀이다.

"이건 속상하고 억울한 표정이야. 이번에는 뿌듯하고 즐거운 얼굴이야."

이렇게 구체적으로 얘기해주면 아이는 자기 기분을 이해받고 있다고 느낀다. 놀이를 통해 기분에 관한 단어를 점점 늘려가면 자기 표현력이 향상하는 것은 물론 다른 사람의 감정에도 더 잘 공감할 수 있을 것이다.

눈싸움

원초적인 방법인 것 같긴 해도 아이는 즐거워한다.

"눈을 먼저 깜빡인 사람이 지는 거야."

처음에는 뭘 하는 건가 하다가도 몇 번 반복하니 규칙을 알고서는 일부러 윙크를 하며 장난도 치고 눈싸움을 서너 번 반복할 수 있었다.

밀가루 놀이

아이가 유치원에서 '밀가루'를 탐색하는 시간을 가졌는데 집에서 눈맞춤을 할 때도 활용하면 좋을 것 같다고 유치원 원장 선생님이 추천해주셨다.

밀가루 놀이를 하면 입을 작게 혹은 크게 벌려 밀가루를 불면서 밀가루가 날아가는 모양을 관찰하고, 물을 섞어 밀가루 반죽을 만들면서 밀가루의 특징을 경험할 수 있다.

그와 동시에 아이와 눈을 맞추며 놀 수 있는데, 밀가루 반죽을 지렁이처럼 길게 늘여서 한쪽은 아이가 잡고 다른 한쪽은 엄마가 잡아당기면서 서로 자연스럽게 바라봐진다. 이렇게 반죽된 밀가루로 수제비나 칼국수를 요리하여 아이의 호기심도 자극하자.

🍴 이불 당기기 놀이

이불은 아기일 때부터 끌어주기 놀이를 하거나 이불 그네를 태워줄 때 많이 써먹은 놀이 도구이다. 이것도 선생님이 추천해주신 놀이인데 아이와 엄마가 서로 눈을 맞추며 이불 양끝을 잡고서 줄다리기를 하듯이 잡아당긴다.

하지만 억지 눈맞춤은 아이에게 거부감을 주므로 주의해야 한다. 나도 의식적으로 하루 종일 눈맞춤을 해보려고 노력했으나 그럴수록 아이는 신경질을 부렸다. 눈맞춤을, 서로 눈을 뚫어져라 바라보고 대화하는 것으로 바보같이 착각했던 탓이다. 아이들은 집중 시간이 짧기 때문에 다양한 놀이로 자연스럽게 눈을 맞추는 방법을 찾는 편이 좋다.

또한 10분이라는 시간에 얽매여 조급해하지 말고 아이에게 눈맞춤의 즐거움을 알리는 게 가장 큰 목표이다. 엄마는 욕심이 앞서서 하루 종일 아이와 눈을 맞춰서라도 빨리 해내고 싶은 마음이 크다. 그 성급한 마음을 따라와줄 아이는 없다. 아이의 느린 속도에 맞춰서 같이 천천히 걸어가며 잠자기 전에 한 번이라도 더 아이의 눈을 바라보려 한다.

'나쁘다' 말고
'옳지 않다'

"이건 나쁜 짓이야! 나쁜 행동이잖아!"

그동안 아이를 혼낼 때 가장 많이 했던 말이다. 하지만 이 말이 '나는 나쁜 아이야.'라는 정체성을 아이에게 심어줄 수 있다고 한다.

보통 아이들은 동화책을 볼 때도 영웅과 악당, 착한 사람과 나쁜 사람으로 이분한다. 그런 아이들에게 "너 그러면 나쁜 거야."라는 표현을 쓰면 '나는 착한 사람이 아니고 나쁜 사람이구나.'라는 의식을 가지게 된다는 것이다.

나도 어린 시절에 거짓말 때문에 크게 혼나고 나서 '나는 거짓말쟁이야'라는 생각을 하게 됐는데 그게 너무 뿌리 깊이 박혀서 극복하기가 무척 힘들었다. 그래서 내 아이는 거짓말을 해도 너무 매정하게 혼내지는 말아야지 다짐해놓고서는 막상 그런 상황이 오면 그 부정적인 말을 내뱉었다. 그렇다면 아이가 잘못을 했을 때는 무슨 말을 어떻게 해줘야 할까.

아이의 잘못에 대해 질타하기 전에 아이를 다독이고 그 상황에 대한 이해를 시킨다. "네가 잘못을 했지만, 너도 어른들이 뭐라고 해서 많이 놀랐지." 그러고 나서 아이의 잘못으로 피해를 본 상대방의 아픔을 알려준다.

그다음 순서로 훈육할 때 반드시 기억해둬야 할 문장이 있다. 유치원 원장 선생님이 '나쁘다'는 표현을 대체할 수 있는 말을 추천해주셨다.

"이건 옳지 않아."

워낙 나쁘다는 말이 입에 붙어서 습관처럼 튀어나오기 때문에 2년가량 아이를 훈육할 때마다 "옳지 않아."라는 말부터 의식적으로 먼저 건넸다. 그러지 않으면 나도 모르게 아이에게 나쁘다고 질책하는 실수를 범한다.

그 후에 어떻게 사과를 하는지 차분히 설명해준다. "그런데 이렇게 하면 아파. 거기다 세게 그러면 친구에게는 상처가 돼. 우리 불편한 게 있으면 말로 하기로 했지."

막상 아이를 훈육할 상황이 오면 이 순서를 지키기가 몹시 어렵다. 엄마도 사람인지라 당황하고 놀란 마음에 화부터 내게 되기 때문이다. 바른 아이로 자라게 하기 어렵듯이 엄마도 바른 훈육을 하는 데 오랜 시간이 걸린다. 언제쯤 키우기 쉬워질까. 갈수록 점점 더 어렵기만 하다.

훈육의
시행착오

아이가 네 살쯤 되자 문화센터처럼 한두 시간 수
업을 받을 수 있는 곳에 가게 됐다. 그런데 수업 도중에 돌아다니거
나 장난감을 가지고 논 후에 정리하지 않는 일이 있었고, 그곳 선생
님은 유치원에 입학하려면 아이의 행동 교정이 필요하다고 조언하
셨다. 특히 장난감을 던지는 행동은 다른 친구들이 다칠 수도 있어
서 반드시 바로잡아야 하니 아이가 울더라도 단호히 붙잡고 훈육하
는 방법을 알려주셨다.

그 방법을 집에 와서 아이에게 적용해봤다. 아니나 다를까, 아이
는 울면서 자신을 놓아달라고 심하게 반항했다. 순간 마음이 약해
졌지만 아이를 바로 고쳐야 한다는 사명감에 꾹 참았다. 사실 TV 육
아 프로그램에서도 자주 제안한 방법이었기에 꾸준히 시도하려 했
으나 중도에 포기했다. 그 때문에 아이의 잘못된 행동들이 고쳐지지
않는 것 같아서 이번에는 더 독하게 굴었다.

그러나 이런 훈육 후에 매번 땀범벅이 되고 기운이 쭉 빠진 아이

를 보면서 과연 내 아이에게도 맞는 방법일까 하는 의문이 들었다. 오히려 아이는 그걸 반성의 시간이라기보다는 벌 받는 시간이라고 여겼다.

아이를 혼내고 나서는 "벌 받는 거야."라고 하면서 아이가 가고 싶어 하는 마트에 데려가지 않거나 장난감을 못 가지고 놀게 했다. 잘못을 했을 때 자신이 원하는 걸 못 하게 되는 벌을 주면 아이가 깨닫는 데 도움이 될 것이라고 여긴 까닭이다. 그런데 아이가 다섯 살이 되어 첫 상담을 받았던 센터에서는 '벌'이라는 단어가 금지어라고 했다. 아이의 반감만 일으킬 뿐 행동이 나아지는 데는 전혀 도움이 되지 않는다는 것이다.

물론 이것도 정답은 아닐 것이다. 육아 프로그램에서 다른 아이들에게는 잘만 통하던 육아 비법들이 내 아이에게는 통하지 않기도 했다. 모든 사람이 같지 않듯이 육아법도 적정선 안에서 융통성 있게 조금씩 달라져야 한다. 아이마다, 또 상황마다 변수가 있기에 훈육 방법을 다르게 적용해야 효과적이다.

이후에 내가 쓴 방법은 아이가 벽을 등지고 서서 반성하도록 하는 것이었다. 하지만 아이는 가만있지 못하고 자꾸 움직이려 하기 때문에 이때도 아이를 붙잡은 채 마주 보고 있어야 해서 훈육하기가 몹시 어려웠다. 벽에 서 있는 것도 벌로 받아들일 수 있다는 것을 나중에 알고서 충격을 받기도 했다.

시행착오 끝에 추천받은 방법은 '훈육 의자'였다. 많이 보고 들은 방법이었지만 아이를 벽에 서 있게 하는 것도 잘되지 않았기 때문에 의자를 사용해도 아이가 거부감을 느끼지 않을까 하고 미뤄왔었다. 지금은 훈육 의자를 써보고 있지만 또 어떻게 변해갈지는 미지수이다. 훈육 의자를 먼저 써본 육아 경험담 중에는 별 효과가 없었다는 의견도 있기 때문이다. 여러 좋다는 훈육법들을 써봤지만 내 아이에게 맞는 방법을 찾기란 정말 하늘의 별따기다.

그러나 어떤 훈육법을 쓰든 이것은 기본 토대가 되어야 하는 것 같다.

- 언어적으로만 훈육할 것
- 절대 아이와 몸싸움하지 말 것
- "네가 기분 나빠도 때리면 안 돼."라고 알려줄 것
- "너는 이런 잘못을 했어." 핵심만 얘기할 것
- "나쁜 짓이야!" 대신 "옳지 않은 일이야."라고 말할 것
- 아이가 곰곰 생각한 후 반성하도록 시간을 줄 것
- '벌'이라는 표현을 쓰지 말 것

엄마의
자폭 주의보!

"뭐 하는 짓이야!"

아이가 장난감을 던지거나 음식을 쏟을 때는 이렇게 확 쏘아붙이며 노려본다. 그러면 아이는 큰소리에 놀라 겁에 질린다.

어느 날 마트에서 어떤 사람이 직원에게 항의하며 소리 지르는 광경을 보게 됐다. 나에게 뭐라고 한 것이 아닌데도 갑작스런 호통에 놀라 내 심장이 다 뛰었다.

어른인 나도 큰소리가 나면 이렇게 두려워지는데 아이는 오죽할까. 누군가에게 비난을 받거나 큰소리를 듣게 되면 자연히 움츠러든다. 아이한테 갑질을 해서 뭘 얻겠는가. 그 상대가 엄마이고, 화내는 빈도가 잦아진다면 아이의 정서에 미치는 악영향은 더욱 클 것이다.

엄마들의 대통령인 육아 전문가 오은영 선생님의 강연을 들었는데 호통이 아이에게는 폭력이 될 수 있다고 했다. 아이에게 소리를 지르고 나면 후회스럽고 내가 아이를 잘못 키우고 있는 건 아닌가 불안해진다. 하지만 아이가 위험한 행동을 하거나 정말 옳지 않은 일을 할 때는 시간을 되돌린다 해도 언성을 높일 수밖에 없다. 그 빈도를 되도록 줄이려고 노력하는 것이 최선이다.

얼마 전 키즈 카페에서 아이가 블록으로 경찰차를 만들어달라고 했다. 하지만 경찰차가 빨리 완성되지 않자 엄청난 생떼 폭탄이 터져 나왔다. 이전 같았으면 나도 사자후를 발사하며 맞섰을 테지만 아이와 같이 성질을 내면 그야말로 자폭이나 다름없다.

"엄마 때문이야!"

온갖 일을 엄마 탓으로 갖다 붙이는 막무가내 아이를 보면서도 평정심을 유지하려고 애썼다. '그래, 내 탓이다. 내 탓. 너를 낳은 탓이다.' 금방이라도 터지려는 감정을 눌러 잡으면서 블록으로 경찰차를 만드는 과정을 아이에게 말로 설명했다.

그런데도 시뻘게져 울부짖고 바닥에서 옆 구르기를 하는 아이의 귀여움을 찾아보려고 눈을 크게 떠봤다. '귀엽다. 분명 귀여운 내 새끼다. 저건 애교를 부리는 거지. 저건 끔찍한 게 아니고 깜찍한 거야.'

이렇게 속으로 주문을 외고도 내 입에서 큰소리가 나올 것 같아서 아이를 안아 들고 차분히 경고했다. 그래도 아이가 나아지지 않아서 키즈 카페를 나오려고 했는데 그제야 울음이 잦아들었다.

이 방법은 아동상담센터 선생님이 알려주신 것이다. 그대로 따르니 이 생떼 폭탄을 그래도 수월하게 처리한 듯했다.

● 마트나 키즈 카페에서 아이가 생떼를 쓰면 말로 실랑이하지

말 것

- 아이에게 반성할 시간과 기회를 세 번은 줄 것
- 아이에게 미리 예고한 후 행동을 취할 것
- 긴말 필요 없이 행동으로 보여주자. 바로 데리고 나올 것!

엄마도 아이도 회피하는
버릇 고치기

　　월요일 아침부터 아이가 이를 닦기 싫다는 데 이어서 옷도 입지 않겠다, 유치원에도 안 가겠다고 울어대니 주말 동안 잘 버티던 엄마의 하드웨어도 고장이 났다. "우리 아기가 이를 닦는 게 힘들구나. 옷 입기도 귀찮고, 유치원에 가기도 싫구나." 하는 식으로 공감을 해줘야 한다는 걸 잘 알면서도 그러지 않고 자꾸 외면한다. 오열하면서 유치원 버스를 타고 가는 아이를 보니 또 후회스럽다. 초콜릿이라도 먹여서 울리지 않고 보낼걸. 아이를 외면한 이 순간들이 쌓여 아이와 나 사이에 벽을 만들어 서로의 마음을 보지 못하게 되면 어쩌나 불안하다.

　　아이가 어리니까 부족할 수 있지만, 사실 나는 지금 아이보다 더 자랄 때까지도 부족했다. 나는 여전히 수없이 실수하고, 거기에서 많은 걸 느끼며 성장하는 중이다. 정작 나는 내 부족함을 잊는다. 특히 자꾸 회피하려는 이 못된 고질병은 잘 고쳐지지 않는다.

　　나는 어릴 때부터 어렵거나 당황스러운 순간이 오면 도망가기 바빴다. 큰일이건 작은 일이건 해결하려 들기보다는 피했다. 그런 시간들이 지금까지 영향을 끼치고 있을까, 그게 내 육아에도 문제로 작용할까 봐 걱정이다.

아이들은 잘못을 하고서는 딴청을 부리거나, 엄마 눈을 똑바로 보지 않고 다른 곳을 보면서 그 상황을 모면하려고 한다. 내가 그런 아이의 반응과 다를 게 뭐가 있나 싶다.

아이는 날이 갈수록 나와 눈을 맞추려고 노력하기도 하고, 미안하다고도 말하면서 쑥쑥 성장하는데 나만 제자리걸음이다. 혼자서는 대처할 방법을 모르겠어서 유치원 부모 소모임에 나가서 그 답을 찾으려 했다.

🌰 아이의 머릿속 초고속 지우개

이를 닦아야 하는 이유를 설명하고 앞으로는 잘 닦겠다고 약속을 받은 지 1초 만에 아이는 양치하기 싫다고 도망을 다닌다. 한 귀로 듣고 한 귀로 흘린다더니 아이는 이 말을 잘도 실천했다. 방금 한 말도 금세 잊을 수 있는 초고속 지우개를 탑재한 아이에게는 그 눈높이에 맞춰줘야 했다.

유치원 원장 선생님이 조언해주시기로는, 부모가 잘못이라고 말해줘도 아이의 머릿속에는 '이해가 안 돼. 왜 안 되지? 내 마음대로 하면 왜 안 돼?'라는 반발심이 남아 있다고 한다. 크게 혼쭐이 나고도 금방 놀기에 바쁜 아이를 보면 왜 저렇게 눈치가 없을까 싶었는데 아이의 마음도 꽤 시끄러웠나 보다. 매번 강하게 반복적으로 알려줘야만 아이의 가슴속에 반성하려는 마음이 조금 스며든다. 그나마도 아이가 반성하는 시간은 아주 짧다는 것을 잊어서는 안 된다.

🌿 아이에게 넓고 안전한 울타리를

부모는 관찰을 잘해야 한다. 아이에게 위험하지 않은 선을 정하고, 그 안전한 울타리 안에서는 아이가 스스로 행동할 수 있도록 지켜봐야 한다. 아이가 잘못을 했을 때 "당장 그만둬!"라고 하면 그렇게 어려도 자존심이 있기 때문에 바로 그만두지 않는다고 한다. 자신이 잘못한 걸 알아도 오기로 버틸 때도 있다. 그럴 때는 아이와 기싸움을 하지 말고 울타리를 넘지 않도록 지켜보거나 잠시 자리를 비켜준다.

🌿 육아에서 평화는 최선이 아니다

아이가 간식이나 장난감을 사달라고 울면서 떼쓰면 그냥 사줘서 저 입을 다물게 하고 말까 머뭇거릴 때가 있다. 이까짓 일로 힘을 빼느니 그냥 손에 쥐여주고 평화를 찾는 게 답이 아닐까 싶지만 그건 아이에게 혼란을 줄 수도 있다고 한다.

"울지 않고 친절하게 말해야 들어줄 거야. 제대로 말할 수 있을 때 해줘."

아이가 울음을 그치고 제대로 말할 때 "많이 먹고 싶었지." 혹은 "많이 가지고 싶었지."라고 그 마음을 읽어준다.

아이가 원하는 대로 곧장 들어주기보다 시간이 흐른 뒤에 사줘야 한다. 힘들고 곤란한 순간이 왔다고 해서 섣불리 실망하고 체념한 채 당장의 편안함을 위해 올바른 훈육을 포기해서는 안 된다.

🦪 계속 질문하기

아픈 순간에 도망가지 않고 견디기란 정말 어려운 일이다. 내 육아의 시행착오를 공개하면서 비난을 받기도 했는데 그때마다 도망치려고 했다. 하지만 이번에는 주변에서 여러 질문을 던져줬다.

"피한다고 해결될 것 같아?"

"어떻게 모든 사람이 너하고 생각이 다 같아? 칭찬만 받을 수는 없지 않을까?"

내 마음속에 수많은 물음표가 생겨났고 일주일쯤 지나서 결론을 내릴 수 있었다. 과거에 잘못한 일들을 다시 되풀이하면 안 되기에 채찍 삼아 오래전 일들을 계속 곱씹는다. 후회로 평생을 힘들게 살 바에야 조금 버겁더라도 정면으로 뚫어보고 싶은 심리가 크게 작용했다. 아이도 나처럼 실수하지 않도록 계속 질문해주다 보면 오랜 시간이 걸릴지라도 문제를 피하지 않고 직시할 수 있을 것이다.

공감 질문으로
아이의 생각이 열린다

잔뜩 울음보를 터뜨리고 등원한 날, 아이가 유치원에 가서는 색연필 꽂이와 블록을 몽땅 쏟아내며 신경질을 부렸다고 했다. 나라면 아이에게 왜 그러냐고 화를 냈을 텐데, 담임선생님은 아이를 꾸짖기 전에 스스로 깨달을 시간을 먼저 가질 수 있도록 다음 질문들을 천천히 해나가셨다고 한다.

"어지럽힌 건 스스로 정리해볼까?"

"힘들어요."

"그래도 이건 해야 하는 거야."

아이가 자꾸만 딴 곳으로 가서 놀려는데도 선생님이 인내로 기다려주면서 끝까지 스스로 하도록 지도해주니 직접 다 정리할 수 있었다. 정리가 별것 아닌 일 같지만 이 과정에서 아이를 기다려주기란 절대 쉬운 일이 아니다.

"정리해보니 어땠어?"

"힘들었어요."

선생님은 말로만 설명해주는 것이 아니라 아이가 원인과 결과를 자연스럽게 느낄 수 있도록 이끌었다. 이렇게 아이가 스스로 판단할 시간을 충분히 가진 뒤에 질문을 던져준다.

"왜 그랬어?"

"엄마가 보고 싶어서 그랬어요."

"그런 마음이 들면 '엄마가 보고 싶어요.' 하고 말로 하는 거야. 색연필과 블록을 쏟으면 정리해야 하니까 힘들잖아."

'이렇게 행동하니까 내가 힘들구나.'를 알기까지 시간이 걸렸지만 아이는 몸소 체험했다. 장난감이 널브러져 있어서 아이에게 치우라고 아무리 외쳐도 내 목만 아프니 '에라, 모르겠다.' 싶은 심정으로 차라리 내가 치우는 날이 더 많았다. 이렇게 한숨을 쉬면서 내가 정리를 하는 건 아이에게 생각할 기회를 뺏는 행동이었다. 안이한 습관을 버리고 내 마음속에 늘 물음표를 지닌 채 아이에게 자꾸 질문을 던지는 습관을 들여야 한다.

부모 교육 시간에 받은 자료 중 올바른 질문법을 살펴보면서 내가 아이에게 했던 질문들을 돌아보게 됐다. 아이가 도움을 청하는 눈길을 보낼 때 "어떤 게 어려웠니?"라고 묻는 건 해결책이 아니었다. 부모가 준비한 해결책을 늘 제시하면 아이의 문제 해결 능력이 없어질 수 있다. 부모가 아이의 숙제를 대신해주려는 것과 같다. 그럴 때는 "어려워서 힘들구나."라고 아이의 마음을 읽어주기가 우선이다.

아이가 더운데도 부츠를 신겠다거나 날씨에 맞지 않은 옷을 입겠다고 고집을 부릴 때도 엄마는 그 마음을 빨리 읽어줘야 한다.

"이 옷이 마음에 들었구나. 그래서 입고 싶었구나. 그런데 날씨가 더워서 괜찮을까?"

이렇게 알려줬는데도 아이가 입겠다고 고집하면 그대로 가게 해도 괜찮다고 한다. 아이가 <u>스스로</u> 느끼고 자연스럽게 깨달을 수 있도록 유도한다.

다만 모든 순간에 질문을 하는 것은 좋지 않다. 아기일 때 블록을 가지고 놀다가 무너지면 울음을 터뜨렸는데 그럴 때마다 나는 "왜 그래?" 하고 물어보곤 했다. 과자를 사달라고 떼쓰다가 울 때도, 친구 때문에 속상해서 울 때도 아이의 마음을 읽어주기 전에 "왜 그러는 건데?" 하고 질문부터 던졌다.

"너는 그 친구(혹은 그 일) 때문에 속상했구나. 네 얼굴 표정을 보니 화가 났구나."

먼저 아이의 속마음을 부모가 대신 말해주고, 질문은 늘 두 번째라는 걸 기억해야 한다.

내가 생각했을 때 '엄마의 자격'이란
아이를 마음껏 사랑해주는 것이 전부이다.
그것만으로도 충분하고, 벅차다.

오늘도 아이와
힘겨운 하루를 보낸
당신에게

5

엄마의 자격에
관하여

흔히 아이가 다치면 "엄마가 아이는 안 보고 대체 뭘 한 거야?"라는 말을 참 쉽게도 한다. 나도 이런 말을 무수히 들었다. 아이는 워낙 에너지가 넘쳐서 다치기도 많이 다쳤다. 내가 신이 되어서 모든 사고를 막을 수 있다면 좋겠지만 그러지 못한다. 예방만이 최선이라서 한시도 눈을 떼지 않으려고 하지만 어쩔 수 없이 아이는 또 다친다.

몇 주 전, 아이가 선인장을 만지다가 비명을 지르자 온 가족이 달려왔다. 그때 들려오는 말이 있었다.

"너 같은 건 엄마 자격도 없어. 아이를 똑바로 봐야지."

아이 손에 박힌 가시를 빼느라 정신이 하나도 없었는데, 순간 그 말을 들으니 멍해졌다.

그래, 다 내 잘못이다. 내 부주의이고, 내 탓이다.

하지만 속에서 뜨거운 것이 끓어올랐다.

과연 그 자격이라는 것은 무엇일까?

아이가 다치면 가장 마음이 아픈 사람은 엄마이다. 엄마는 아이의 상처를 보면서 좀 더 챙기지 못한 자신을 원망하고 몇 번씩이나 되새김질하며 슬퍼한다.

엄마도 사람이다. 엄마도 실수하고, 남들보다 눈이 몇 개 더 있는 것도 아니다. 주변에서 보면 유독 엄마한테만 지나치게 완벽하길 원하는 것 같다.

"아이에게는 좋은 말만 해줘야 해."

"유기농만 먹여야지, 사탕하고 콜라는 몸에 나빠."

"아이는 안 보고 어디에 정신을 파는 거야?"

아기를 어린이집에 보내면 엄마의 무책임을 비난하는 듯 손가락질하고 이상하게들 바라본다. 어떤 사람들은 "카페에서 차 마실 시간에 아이나 더 보지."라는 말들을 내뱉는다. 조남주의 소설 『82년생 김지영』에서도 이런 비슷한 말을 듣고 주인공이 모멸감을 느낀다. 나 또한 주변 사람들에게 흔히 들어본 말이다. 그런 말을 들으면 속에서 불이 타오른다.

누구나 육아를 잘해낼 수 있고, 즐거워하는 건 아니다. 어린이집에 아이를 잠시 맡기는 것은 그 시간에 집안일을 하거나 엄마 자신의 시간을 가져서 아이와 더 잘 지내려는 것이다.

'엄마'라는 이름을 가진 사람들은 만능이어야 할까.

건강하게 키우는 것, 안전하게 지켜주는 것, 남보다 뒤처지지 않게 교육하는 것, 잘 놀아주는 것, TV 말고 책을 보여주는 것…… 엄마에게는 무수한 자격 요건을 붙여댄다.

나도 임신을 하고 아이를 키우는 동안 과연 엄마 자격이 나에게 있는가 하는 의구심이 수없이 들었다. '아이를 잘 키울 수 있을까? 내가 바로 키우지 못해서 아이가 잘못되면 어쩌지.' 늘 노심초사했다. 아이가 감기에 걸려 열이 오르면 놀이터에서 너무 많이 놀게 했나, 내 목이 근질거리며 아프더니 혹시 아이에게 감기를 옮겼나, 별별 걱정이 다 들었다.

　하지만 아이가 다칠까 봐 아예 밖에 안 나가게도 할 수 없고, 놀이터에서 뛰어놀다 보면 여러 아이와 어울리기 마련이고 감기가 옮기도 할 것이다. 감기뿐이랴. 또 어쩌다 보면 나뭇가지나 뾰족한 물건에 부딪혀 다치기도 한다. 온실 속 화초처럼 키우지 않는 이상 아이는 다칠 것이고 아프기도 할 것이다.

　그럴 때면 아이를 잘 치료하고 안아주면 된다.

　크게 자책할 필요가 없는 일인 것 같다.

　내가 생각했을 때 '엄마의 자격'이란 아이를 마음껏 사랑해주는 것이 전부이다. 그것만으로도 충분하고, 벅차다. 아이가 다쳤다고 해서, 감기에 걸렸다고 해서 그 자격이 '있다, 없다'를 쉽게 운운해서는 안 된다.

취준생 역경기,
'엄마'라는 직업

오늘 하루도 물 먹은 우리들에게

'이번에는 잘되겠지'라는 희망은
또다시 나에게 물을 먹이고
도전하는 일마다 물세례를 맞고
이력서 내는 족족 고배를 마신다.

내가 물 먹는 하마도 아니고
세상아, 왜 자꾸 내게 물을 먹이는 거냐.
이러다가 헤엄도 칠 수 있겠다며 투덜대는 나에게
세상은 끝없이 소나기마냥 우두둑 우두둑 시련을 퍼붓는다.
아아,
물을 주신다, 쑥쑥 자라라고.

벌써 몇 번째인지도 잊은 취업 실패. 말로만 듣던 청년 실업이 내 일이 될 줄은 몰랐다. 취준생이 수두룩하다고들 하지만 거기에 내가 해당할 줄이야. 취준생, 취업을 준비하는 사람이라는 단어가 참 아프게 들린다. 취준생이 있으면 대부분 아버지의 호통과 어머니의 한숨에 집 안이 조용할 날이 없을 것이다. 다 큰 자식에 손자까지 떠안고 버거워하시는 부모님을 보면 할 말이 없다. 부모님의 주머니에 무게만 더하는 나는 캥거루족이다.

"늙은 사람들은 일하고, 젊은 사람들은 놀고 있네."

"다들 일하면서도 아이를 키우는데 너는 하루 종일 아무것도 안 하고 집에서 놀기만 하는 거냐."

누군가가 나에게 지나가듯 한 말이지만 가슴을 쿡쿡 찔러댔다.

아이를 가지고 입덧이 심해져 아침에 깨자마자 나의 첫 일과는 토하는 것으로 시작했다. 출산 직전까지 일하고 싶었지만 아이와 나를 위해 포기하는 게 맞았다. 하지만 입덧이 잦아들고 임신 중기가 되자 주변 눈치가 보였다.

"내가 아는 사람 중에서는 아이 둘을 키우고, 지금 임신까지 했는데도 밖에 나가서 일만 참 잘하더라."

대단한 엄마들에 비하면 내가 한심해 보일 수 있다고 생각했지만, 그 말에 서운한 건 어쩔 수 없었다. 출산을 하고 나면 재취업을 꼭 해야겠다고 마음먹은 계기가 되었다.

처음에는 재취업을 위해 무작정 지원할 수 있는 용기가 필요했다.

'나를 안 써주겠지만 밑져야 본전이지.' 하는 심정으로 이력서를 낸 곳에서 연락이 왔다. 운 좋게도 아이를 보며 재택근무를 할 수 있었고, 대학교 때부터 꿈꾸던 드라마 작업이었기에 기쁘게 일할 수 있었다. 하지만 드라마 보조 작가는 6개월이 지나면 다시 일자리를 찾아야 했다. 세 번의 기회를 얻어 그 일을 하면서 즐겁고 뿌듯했다. 그러고 나서 과연 내가 이 일을 늙어서도 평생 할 수 있을까 하는 고민에 빠졌다. 드라마 보조 작업은 아이를 키우면서 재택근무를 해야 하는 나의 입장에서 지금 당장은 최선이었지만 마흔, 아니 쉰이 지난 내 미래를 구상해보면 부정적 결론에 도달할 수밖에 없었다. 원래 내 꿈은 시나리오를 쓰는 것이었지만 쓰면 쓸수록 행복이 더 줄어드는 느낌이었다.

그래서 구인 사이트에서 '재택'이라고 검색해봤다. 내가 할 수 있는 일이 꽤 있었다. 동네 근처에서 편한 시간마다 사무실에 들러서 '손부업'을 하는 분들도 있었다. 경력 단절 주부들을 위한 정부 지원 프로그램도 있어서 무료 혹은 저렴한 비용으로 배울 수 있는 것들을 알아보기도 했다. 자기 관심 분야의 인터넷 카페에 가입해 구인 게시판을 매일 확인하다 보면 내 조건에 맞는 일자리들이 눈에 띄곤 한다. 구직 게시판에는 자신을 홍보하는 구직 게시글들이 올라오는데 이것도 방법 중 하나인 듯하다.

아이가 유치원에 다니기 시작한 이후로 오전 4시간, 그 자유 시간이 내게는 정말 어색하게 느껴졌다. 짧은 시간이지만 생긴 만큼 밤에 아이가 자는 짜투리 몇 시간도 활용할 수 있으니 내가 하고 싶은 일을 찾아야겠다는 마음에 설렘 반, 불안 반으로 그렇게 이력서를 제출하기를 여러 번, 다행히 한 군데에서 연락이 왔다. 아이의 유치원 입학 후 2개월 만에 페이스북에 감성글을 쓰는 일을 했다. 난생처음 접해본 분야였다.

내가 원하던 것처럼 잘되지는 않았다. 자신감이 떨어진 상태여서 바보같이 울기도 하고 속앓이를 해댔다. 내가 지레 포기하거나, 혹은 잘릴지도 모른다는 불안감에 힘들었지만 그래도 최선을 다해 끝까지 해보려고 했다. 3개월을 그러고 나니 밑천이 드러나서 결국 참담한 실패로 끝나고 말았지만 새로운 장르의 글과 문화를 경험했다는 것만으로도 충분히 가치 있는 시간이었다.

이처럼 늘 좋은 결과가 나오지는 않지만 이력서를 내본다는 것만으로도 설레고 활기가 더 충전되는 느낌이다. 물론 지속적인 일을 구하기는 힘들고, 육아를 하는 아줌마를 반기는 곳도 많지 않다. 단기로는 무슨 일이든 할 수 있겠지만, 나이가 들어서도 만족할 수 있는 직업을 지금 이 시기에 고민해야 한다. 아직까지 일을 찾고 있다.

전업맘인 나는 일하는 워킹맘들을 보면 힘들겠다 싶으면서도 내심 부럽다. 물론 '엄마'라는 직업도 다른 직업처럼 바쁘고 보람된 일이다. 아이 곁에서 오래도록 같이 있어줄 수 있는 형편이 된다는 건 축복이다.

새벽이면 아이가 자는 맞은편 방에서 내 시간을 가지며 일을 하곤 했는데, 아이는 자면서도 내가 옆에 없으면 '엄마'를 찾는다. 부르는 소리에 급하게 달려가 안아주면 아이는 눈을 감은 채로 삐죽거린다.

"자꾸 안 봐서 속상해. 엄마 일하지 마."

평소에 쌓인 서운함이 잠결에 폭발했나 보다. 아기일 때 드라마 보조를 하면서 새벽에 일하곤 했는데 아이는 그걸 기억하고 있었다. 그런 아이를 보면 내가 일하는 게 과연 옳은가 하고 갈팡질팡한다.

하지만 엄마도 꿈이 있다.

아이가 다 자라고 나면 그때도 나는 행복할 수 있을까. 과연 내가 다시 일할 수 있을지 두렵다. 경력 단절인 내가 설 자리가 있을 것 같지 않았다. 그런 고민은 그때 하면 되지, 다 그렇게 사는 거라고 별걸 다 걱정한다며 배부른 소리라고들 한다.

하지만 배가 터지는 소리라고 해도 어쩔 수 없는 걸. 아이 하나 잘 키우는 게 돈 버는 일이라고들 하지만, 적어도 부모님에게 밥벌이하는 자식의 모습을 보여주고 싶고, 생활비도 조금 보태며 떳떳하게 얼굴을 들고 싶다.

내 직업 고민으로 너무 우울해질 때면 아이는 오래 돌봐주는 보육 시설에 맡기고, 나도 일에 올인할까 하는 극단적인 심정이 들기도 했다. 하지만 꼭 그렇게 하지 않아도 되는 상황인데 그 방법은 좋지 않은 것 같다. 욕심이더라도 육아와 병행할 수 있는 일을 찾아보려고 한다. 구인 사이트를 습관처럼 아침저녁으로 확인하며 다시 일할 수 있는 날을 꿈꿔본다. 소소하게라도 계속 도전한다면 작은 변화겠지만 조금씩 새로운 기회가 생기리라 믿는다. 가만히 손을 놓고만 있으면 제자리걸음밖에 할 수 없으니.

다 엄마만
문제야?

　　아이가 잘못을 하면 가족들이건 주변 사람들이건 매서운 화살을 엄마에게 아프게도 꽂는다.

　　'조금 지나면 내 아이도 달라지겠지. 몇 달 뒤에는 괜찮아질 거야. 하루만 더 참아보자.'

　　남들은 잘해내는데 나만 육아가 왜 이리 어려운지, 참고 참다가 도저히 이대로는 안 되겠다는 쪽으로 기울었다. 아이들을 돌보느라 바쁘신 유치원 선생님에게 민폐인 줄 알면서도 육아 고민을 털어놓고 싶어서 어렵게 전화하여 상담 약속을 잡았다.

　　그런데 교육 전문가인 선생님에게 조언을 구하려고 상담하러 유치원에 간다고 하니 가족들이 말리며 나를 붙잡았다. "아이 서넛을 낳아서도 다들 잘 키우는데 너는 무슨 세상 짐을 다 진 것처럼 힘들어하냐."라고 비난하며 이미 만신창이가 된 나의 마음을 한 번 더 쥐어뜯었다.

　　아이가 하나건 넷이건 그 수가 중요한 게 아니다. 사람마다 다 자기 힘든 것이 다르고, 또 견딜 수 있는 무게도 제각각이다.

"다 엄마가 문제야."

"왜 그렇게밖에 못 키웠어."

"아이 하나 키우면서 뭘 그렇게 힘들어해."

"옆집 아기 똑똑한 것 봐라. 다 엄마가 잘해서 그런 거야."

물론 엄마가 잘 키우면 아이도 그에 따라 똑똑해질 수 있다. 하지만 아이마다 좋아하는 분야가 다르고 특출한 성향 때문이기도 하다. 엄마가 문제라는 말을 들을 수밖에 없는 상황이 답답하다.

"최선을 다하기보다 잘해야 한다."

이 말이 육아에도 적용된다니 마치 가정이라는 회사에서 일을 하며 성과를 내고 평가를 받는 기분이 든다.

"그렇게 하루 종일 아이를 놀리면 공부는 언제 시키니?"

반나절 동안 놀이터를 순회하며 지치도록 돌아다닌 엄마의 수고로움은 안중에도 없이 무심히 내뱉는 말들이 참 아프다.

반면 또 누군가는 "그 어린 아이가 무슨 공부니?"라고 말한다. 아이를 놀려도 문제, 공부를 시켜도 문제라니. 이 말 저 말을 다 듣노라면 대체 어쩌라는 건지 중간에서 엄마는 참 난감하다.

걱정을 하는 만큼 걱정이 없어지면 좋겠지만, 엄마를 걱정시키는 문제들은 여전히 남아 있고 오히려 더 늘어간다. 이걸로 끝이겠지 싶은 육아 고민도 갈수록 더 깊어진다. 엄마에게는 날마다 많은 문제가 끊임없이 주어진다. 그 답을 척척 맞힐 수 있으면 좋겠지만 늘 그렇듯이 오답투성이다.

"아이랑 키즈 카페에 가면 즐기는 것 아냐? 놀이터에 가면 너도 바람 쐬고 좋겠네."

어떤 사람들은 엄마가 아이를 돌보는 것쯤은 세상 편히 산다는 듯 바라본다. 즐거울 때도 있다. 동시에 그게 버거울 때도 있다. 오히려 나는 다른 아이들이 많은 곳에 가면 혹시 내 아이가 해코지하지는 않을까 하는 조바심에 눈을 뗄 수가 없고 마음도 편하지 않다.

아이는 유치원이 끝난 1시 반부터 7시까지 놀이터에서 장장 5시간 반을 놀곤 한다. 아이 꽁무니를 졸졸 따라다니다 보면 진이 다 빠진다. 다른 사람들의 눈에는 이런 풍경이 평화롭고 여유로워 보일지 모른다. 아이가 노는 동안 엄마는 벤치에 편하게 앉아 쉬면서 책이나 보고 수다나 떨면 된다고 어림짐작하는데 결코 그렇지 않다.

아이는 계속 엄마를 찾는다. 운이 좋으면 몇 분 앉아 있을 수 있지만 그렇다고 아이에게서 눈을 떼지는 못한다. 어느 순간 아이가 놀이터를 벗어나 찻길로 가거나 친구들과 부딪칠 때 중재해줘야 하기 때문이다. 깜깜한 밤이 되어서야 엄마는 아이 손을 잡고 집으로 돌아가는데 그때 다른 엄마들에게 "고생하셨어요."라는 소리가 절로 나온다.

"일하면서 아이도 잘 키우는 사람이 얼마나 많은데 너는 놀고 먹으면 되잖아?"

어떤 이들은 이런 속 터지는 소리로 나를 하찮은 사람으로 취급하며 내가 보낸 하루의 무게를 우습게 만든다. 육아라는 것이 아무도 알아주지 않는다. 가족은 알아주리라고 믿었지만 심지어 남편도,

친정 엄마와 아빠도……. 아무리 열심히 해도 가족조차 몰라주는 육아. 너무 속상해서 화병이 날 것 같은 때도 있다. 아이와 하루를 보내는 것은 선물이자 행복이다. 그래도 어떨 때는 당연한 듯 행복으로 받아들이라고 강요받는 기분이다.

이를 닦이거나 밥투정을 부릴 때 온몸에서 땀이 뻘뻘 나도록 아이와 씨름하고 나면 엄마는 몸도 마음도 기진맥진해진다. 억지로 아이의 이를 닦이고 아이와 나는 맞은편 방에서 각자 조용히 있었다. 혼자 있다 보면 매번 기운을 빼며 계속해야 한다는 게 너무 까마득하게 느껴져서 앞일이 걱정된다. 앞으로도 아이의 이를 닦아주며 똑같은 씨름을 반복할 생각을 하는 것만으로도 벌써 무기력해진다. 머리가 아득해져서 엎드려 있다가도 이렇게 눈을 몇 초 감는 것조차 답답하게 느껴진다.

'뭐 그까짓 일로 스트레스를 받아? 대수롭지 않은 일이구먼.'이라고 간주할 수 있는 문제이다. 그런데 그까짓 일로 매 순간 좌절하게 되면 별일 아닌 일이 일상을 흔든다.

안타깝게도 이런 지친 마음을 엄마는 풀 길이 없다. 엄마는 탈출 구조차 아직 만들어지지 않은 육아라는 미로에 갇혀 있다. 미아가 된 것처럼 길을 잃곤 한다. 그렇다고 내가 잘할 수 있을까 망설이기만 한 채 마냥 갇혀 지낼 수는 없다. 육아를 계속 파다 보면 길이 이어지고 해답에 가닿으리라 믿는다. 육아를 엄마의 문제라고 질책하는 대신, 가끔이라도 가족들이 엄마에게 고생이 많았다고 다독여주길.

미완성 엄마에게
완벽을 바라지 말자

완벽한 엄마와 완벽한 아이도 분명 있다. 하지만 나는 아니다. 한참 모자란 엄마이자 사람이다. 그런데도 나는 아이에게 자꾸 완벽하기를 바라게 된다.

"착한 아이가 돼야지."

"친구를 때리지 말아야지."

왜 내 아이는 이렇게 기본적인 것도 지키지 못할까 원망스러웠다.

"쟤는 저렇게 착한데 너는 왜 그러니?"

"친구는 저렇게 잘하잖아. 그러지 마!"

이렇게 비교해도 아이는 달라지지 않는다. 대신 나 자신에게 질문해봤다.

'내가 착한 사람일까? 나는 친구를 때린 적이 없을까?'

결론은, 나는 착한 사람이 아니었다. 게다가 친구와는 몸싸움을 하지 않았어도 가족인 남매와는 치고 박고 싸우면서 자랐으니까.

아이가 말을 듣지 않을 때 나는 입버릇처럼 얘기한다.

"우리 아기 착하지."

그런데 과연 아이는 착하다는 게 뭔지 확실히 알고 있을까. 잘못한 걸 혼내는데 아이가 이런 말을 했다.

"착한 아이 될게요."

당시에는 그 말을 무심코 넘겼다. 착하다는 건 정말 좋은 것이고, 모든 부모의 이상적인 육아 목표이기도 하다. 그런데 나조차 착하지 못하면서 아이에게 '착한 아이'가 되기를 강요하는 건 아닌가 씁쓸해졌다.

"우리 착해지도록 노력하자. 친구와 사이좋게 지내도록 연습하자."

아이에게만 완벽하기를 바랄 게 아니라 나도 같이 바뀌어야 할 문제이다.

쿵 하고 싶었지만
꾹 참았네!

"요즘 너는 어떨 때 행복해? 나는 왜 행복하지 않지?"

어느 날 조리원 동기인 언니의 말에 나도 언제 행복했는지 기억을 더듬었다.

행복은 둘째치고, 육아를 하다 보면 정말 별것 아닌 일에서 과하게 터져버린다. 아이가 길거리에서 과자를 사달라며 주저앉을 때, 치마를 입었는데 갑자기 아이가 들추며 장난을 칠 때, 물을 쏟을 때, 밥을 먹다가 장난을 칠 때 등등.

옆에서 다른 사람이 보기에는 아이의 투정을 너그럽게 받아줄 수 있지 않을까 하는 상황이어도 부모는 참지 못하고 심하게 화를 내곤 한다. 아이가 잘못한 정도에 관계없이 그동안 쌓인 스트레스를 욱하고 표출하는 것이다.

당시에는 왜 이리 화가 날까, 나조차 이상하고 답답했다. 그런데 그런 마음이 오래가니까 아이와 동화책을 읽다가도 눈물이 흘렀다.

아이를 낳기 전에는 감정이 메말랐다는 소리를 들을 정도였는데 유난히 눈물이 많아졌다. 감수성이 풍부해졌나 했는데 산후 우울증이 찾아온 것이었다. 그 정도가 다른 사람에 비해 심하지 않았지만, 모든 것에 의욕이 없어졌다. 아이와 내내 붙어 지내다 보면 속이 팡 터져버릴 것 같은 시기가 온다. 하지만 그 속을 뚫어줄 방법이 없었다. 나는 게임도 좋아하지 않았고, 그나마 피아노를 탕탕 두드려 치며 해소해보려 했지만 부작용이 있었다.

"엄마, 피아노 다 쳤어? 화 다 풀렸어?"

내가 피아노를 치면 아이는 '엄마가 화났다'는 표시로 받아들이는 것 같아서 그 방법은 쓰지 않기로 했다. 작은 육아 스트레스도 풀지 못하니 쌓이고 쌓여서 병이 되었다. 나는 점점 괴물이 되어갔다. 아이를 위해서도 육아 스트레스를 해소할 방법이 간절히 필요했다.

사랑하는 아이와 함께 있는 시간은 정말 귀하고 소중하다. 하지만 아이가 항상 천사 같기만 한 건 아니어서 악마로 돌변하면, 아니 정확히 말하면 엄마인 내가 악마로 변할 때가 많다. 그럴 때면 어김없이 후회의 바다에서 허우적대고 악순환에 갇힌다.

그래서 하루는 작정하고 아이의 모습을 그저 관찰자의 관점으로 바라만 보았다. 제일 간편하게 할 수 있는 일이고, 원래부터 메모를 좋아했기에 마음을 가다듬으려고 펜을 잡았다. 전에는 그저 흘려듣던 아이의 말들을 한마디 한마디 적어보니 한 편의 시 같다는 느낌이 들었다. 아이와 함께하는 시간을, 무료하다고 우울해하는 대신

다시없을 시절을 기록하는 것이라고 여기니 내 마음이 더 편안해지고 아이와의 추억을 더 남기고 싶어졌다.

'아기가 고깔을 가지고 논다. 고깔을 사달라고 말한다.'

이런 평범한 일까지 하나하나 적다 보니 작은 일도 소중히 느껴졌다. 일지를 쓰듯이 아이를 관찰하는 습관을 들이니 아이의 마음을 더 깊이 들여다보고 이해하는 데 많은 도움이 되었다.

어느 날, 내가 혼을 내니 아이가 그만 말하라며 나를 꼭 안아줬다.

"따뜻한 마음을 전해줄게."

그런 말은 어디서 배웠는지 그 말 한마디에 화났던 나의 마음이 녹아내렸다. 아이의 말대로 따뜻한 마음이 나에게 전해졌나 보다. 말썽꾸러기가 이제 예쁜 말도 골라서 잘한다.

이렇게 기록하면 아이가 왜 짜증을 내는지, 나는 어떨 때 화가 나는지 혹은 풀리는지를 객관적으로 알아볼 수 있을 뿐만 아니라, 어느새 훅 커버리는 아이를 보면서 그 시간 동안 나는 뭘 한 걸까 싶은 순간에 헛살았다는 기분이 조금은 덜어진다.

임신했을 때 일기를 100일 동안 하루도 빼놓지 않고 쓰면 무료로 출판해주는 사이트를 알게 됐다. 배송비 3천원만 내고 한꺼번에 서너 권을 출판할 수도 있으니 정말 저렴한 포토북 앨범인 셈이다. 나는 지금까지 20권 가까이 책으로 만들었다. 아이가 중학생이 될 때까지는 쓸 수 있지 않을까 싶다.

책이나 만화를 읽는 것으로 스트레스를 푸는 것도 좋다. 서점에서 책을 고르다가 육아 만화를 봤는데 공감되는 부분이 많았다. 육아의 벽에 부딪힐 때 이거라도 붙들고 읽으면 좋겠다 싶었다. 특히 아이에게 밥을 먹일 때 스트레스를 많이 받아서 내가 좋아하는 책을 옆에 둔다. 스마트폰으로 내가 좋아하는 웹툰을 보기도 한다. 아이가 잘 먹지 않는다는 데 너무 스트레스를 받지 않도록 딴짓을 하면서 정신을 분배하면 짜증을 덜 내게 된다.

또한 평소에는 아이가 고르는 동화책을 읽어주는데 내 마음이 허한 날이면 내가 좋아하는 동화책을 읽어준다. 처음에는 아이가 이해하기에는 난해하지 않을까 했는데 내가 마음을 담아 생동감이 더 느껴지도록 읽어주면 아이도 곧잘 보았다. 영화 〈헬로우 고스트〉를 재구성해서 동화로 엮은 『유령들의 섬』(황재오 글, 와루 그림)은 슬픈 내용이지만 우울했던 마음이 씻기는 기분이 들어서 꼭 추천하고 싶은 책이다.

우울 정도가 심할 때는 거울로 내 얼굴을 바라보는 것조차 싫다. 그럴 때는 미용실에 가서 앞머리를 자르거나 머리끝을 살짝 다듬기만 해도 기분이 조금 풀어진다. 달라진 게 없어 보이지만, 개운하게 머리를 감고 나면 한결 마음이 가벼워진다.

그런데 심호흡을 할 시간이 필요한 건 나뿐만이 아니었다. 몇 달 전, 장난감을 가지고 놀던 아이가 갑자기 혼자 흥얼흥얼 노래를 불렀다.

"쿵 하고 싶었지만 꾹 참았네."

집에서 혼자 장난감을 독차지하다가 유치원에 가서는 친구들과 같이 장난감을 가지고 놀아야 한다는 규칙을 받아들이기 어려울 것이다. 아이는 노래를 부르며 스스로 자기 마음을 다독이는 것 같았다. 갓난아기가 불안할 때 손을 빨며 마음의 안정을 찾으려 하듯이 누구에게나 안도감을 되찾을 수 있는 방법이 하나쯤 있어야 한다.

요즘도 자신감이 바닥을 뚫을 때면 늘 같은 말, 같은 행동을 반복하는 제자리걸음인 것 같아 불안해서 아무것도 할 수 없어지곤 한다. TV에서 코미디 프로그램을 보면 웃음이 먼저 나와서 기분이 좋아지듯 행복도 노력해야 얻어지는 것 같다. 행복을 바라노라면 행복해질 수 있을 것이다. 힘들다고 생각하기보다는 행복한 일을 자꾸 떠올리고, 그러다 보면 나만의 행복이 찾아지지 않을까.

앞으로 사회에 나가야 할
아가에게

　　얼마 전 업무 압박과 상사의 모욕에 시달리다가
하늘나라로 떠나신 분의 기사를 읽으면서 남의 일 같지가 않았다.
대학생 때 방송계에서 일해보고 싶어서 모 방송국의 사회 고발 프로
그램에서 프리뷰 아르바이트를 한 적이 있다. 촬영 테이프들을 보면
서 여기서 일하는 사람들이 겪는 정신적 고통을 가늠할 수 있었다.
그 아르바이트가 끝나고 얼마 뒤에 그 프로그램의 막내 작가가 투신
했다는 기사를 접했다.

　　그래도 나는 방송작가로 일하고 싶었다. 불행히도 나 역시 온갖
멸시와 모욕을 겪으며 방송국 난간에 서기까지 몰린 적이 있다. 하
지만 나는 겁쟁이여서 아찔한 높이에 그만 내려왔다. 내가 들었던
말 중에 가장 괴로운 말은 이것이었다.

　　"네 부모가 그따위로 가르치디? 어떻게 네 부모님은 이런 너를 직
장에 보냈니?"

　　말로만 듣던 부모 욕을 내가 직접 들으니 순간 정신이 아찔했다.

부지기수인 쌍욕도, 밤샘 노동도 참아냈지만 그런 말은 견디기가 힘들었다. 갈기갈기 찢긴 내 원고로 종이 세례를 맞기도 했다. 그때는 내가 잘못 일했기 때문에 나를 가르치느라 고생한 선배들에게 죄송스럽다. 그렇다고 그 모욕들이 옳은 행동이라고 말할 수는 없을 것이다. 누군가가 잘못해서 화가 치밀더라도 적정선을 지키며 말해야 한다.

"이게 다 뼈가 되고 살이 될 거야. 독하게 구는 사람 밑에서 견디면 나중에 일을 더 잘하게 돼."

흔히 화를 낸 사람이나 그 광경을 본 주위 사람들이 나를 위로한다고 한 말이다. 그러나 그런 말들은 뼈와 살이 되기는커녕 칼과 대못이 되어 내 가슴에 아프게 박혔다. 그건 아랫사람에게 분노를 표출하는 것일 뿐이다. 그때 나는 내 발밑이 한없이 꺼져들어 어디에도 설 땅이 없는 사회 부적응자로 느껴졌다. 다른 사람들의 말은 다 옳고, 나 자신만 바보처럼 생각되어 기죽은 채 살았다.

남들은 "그냥 그만두면 되지. 뭘 그렇게 혼자 심각하냐."라고 말하기도 한다. 당시에는 '진짜 못 해먹겠네.' 하고 박찰 엄두가 나지 않았다. 내 첫 직장이었고, 알음알음으로 일하는 곳인데 이렇게 그만둬서 소문이 나쁘게 돌기라도 하면 어쩌나 하는 별별 생각들에 발목이 잡혔다. 나는 그저 버텼다. 하루하루를 지옥에서 그냥 기계처럼 일했다.

그때로부터 무려 7년여라는 시간이 지났다. 어떤 사람들은 힘든 일도 지나가면 다 추억이라고들 한다. 하지만 그 추억에는 꼭 고통스런 상처가 끼어든다. 아이와 놀거나 남편과 시간을 보내는 일상 속에서도 아직 나를 아프게 했던 말들이 불쑥불쑥 떠올라 움츠러든다.

일하면서 쓴소리를 들을 때면 '저 말에 흔들리면 안 돼. 내가 하고 싶은 일을 저 사람들에게 휘둘려 그만둘 수 없어.'라고 마음속으로 스스로를 다독이며 마인드 컨트롤을 했다. 이것도 그리 큰 힘이 되어주지는 못했다. 만약 그때로 돌아가서 힘들어 우는 나에게 조언해 줄 기회가 생긴다면 그만 포기하라고 말하고 싶다. 포기가 실패는 아니라고, 다시 새로운 출발을 하면 된다고.

그렇지만 오래 꿈꿔왔던 일을 막 시작했는데 포기하기까지는 엄청난 용기가 필요하다. 또한 몇몇 프로그램을 바꿔가며 일하다 보니 진짜 좋은 선배를 만나기도 했고, 일하기 좋은 여건을 갖춘 곳도 있었다. 그렇게 힘든 곳만 있는 게 아니었다. 일 하나를 포기하더라도 그것으로 끝이 아니라 나를 반겨줄 곳도 있다.

먼 훗날의 이야기지만 내 아이도 직장을 다니게 될 것이다. 아이가 업무 조건이 좋은 일터에서 선한 사람들과 함께 일할 수 있기를 바라지만 그러지 못할 수도 있다.

"너는 남의 평가와 기준으로 정해질 사람이 아니야. 누구보다 너를 사랑하는 엄마가, 그리고 가족이 있으니 힘들면 언제든 안겨도 돼."

이런 생각을 확실히 품을 수 있도록 내 아이에게 거듭 말하고 싶다. 이보다 더 힘이 되어주는 응원의 말들을 엄마로서 계속 고민해 봐야겠다. 시련이 막상 닥치면 아이는 엄마의 조언이 떠오르지도 않을 테지만, 은연중에 마음속에 각인되어 아이를 지지해주길.

엄마도
공부하고 있어

6월 끝자락, 동네 누나와 신나게 뛰어놀고 나서 목이 마르다는 아이와 함께 슈퍼로 요구르트를 사러 가는 길에 뜻밖의 말을 들었다.

"엄마, 밥 많이 먹지 마."

요새 내가 식욕이 돌아서 잘 먹어서 그런가 싶어 처음에는 알았다고, 너무 많이 먹지 않겠다고 대답했다. 그런데도 계속 밥을 먹지 말라고 하기에 아이에게 왜 그런 말을 하는지 물어봤다.

"그럼 나이 들어서 무덤 가잖아."

예전에 봤던 『청개구리』 동화에서 청개구리네 엄마가 하늘나라에 갔다는 사실에 상당한 충격을 받은 듯했다. 그때는 나이를 먹으면 아플 수 있고, 누구나 다 언젠가는 하늘나라에 가게 된다고 말해줬는데 그러고는 아이가 한동안 그 동화를 잊은 줄 알았다. 어제 뒷산을 오르다가 무덤을 보고는 무엇인지 물어보기에 대답해주니 어린아이의 입장에서는 많이 걱정됐나 보다. 옆에 있는 엄마가 어느 날 무덤이라는 곳에 묻힐 수 있다는 건 나도 아직 받아들이기 힘든 일이기에 아이도 이해하기 무척 어려울 것이다.

"엄마 무덤 가지 마. 내가 막 파서 찾아낼 거야."

어린것이 나를 무척이나 사랑하는 게 느껴졌다. 파낸다는 표현이 이상스럽긴 하지만 그만큼 나를 많이 아끼는 것이니 고마웠다. 놀이터 계단에서 걱정스러운 눈길로 나를 바라보며 아이는 여기에 관해 한참이나 얘기했다. 겨우 만 세 살이 된 아이와 죽음이라는 무거운 주제로 대화를 나눈다는 게 참 어색한 한편 뭉클하고 염려스러웠다.

꼬맹이에게 큰 근심을 너무 일찍 안겨줬나 미안했다. 좀 더 늦게 알아도 되는 일을 성급하게 알려준 건 아니었을까. 내가 또 아이에게 실수한 게 아닐까.

엄마 공부는 언제나 어렵다.

아이가 커가면서 육아 고민이 줄기는커녕 점점 늘어가기만 해서 혼자 감당하기에는 힘들 때가 있다. 초심을 잊고 훈육 의지도 없어질 지경에 이르렀을 때 이대로는 안 되겠다는 생각에, 뻔한 말을 들을 뿐일지라도 부모 교육에 참여하고 상담도 받기로 결심했다. 육아에 지친 엄마들이 강연을 듣거나 상담을 받는 건 마치 영양제를 한 대 맞으러 가는 것과 같다는 말을 듣기도 했다.

이런 상담을 받거나 강연을 들으러 갈 때는 아이에게도 얘기해주는 것이 좋다고 한다. 엄마도 꾸준히 공부하고 있다는 걸 알려줘봤자 제대로 알아듣지 못하겠지만, 아이가 사회생활을 배우러 유치원에 가듯이 엄마도 육아를 배우러 간다고 말해준다면 든든한 동지애를 느끼지 않을까. 엄마도 아이와 잘 지내기 위해 공부한다는 걸 알면 '나한테 마냥 강요만 하는 게 아니라 엄마도 노력하는구나.' 하고 이해할 날이 오리라.

엄마도 배우는 중이라 실수투성이다. 부모 교육을 받으면서 좋은 글귀를 읽고 좋은 강의를 듣고 나서도 되도록 화를 줄이려는 다짐은 수업을 들은 당일에도 온데간데없이 욱하고 만다. 아이가 저녁 양치를 잘하지 않았다고 화가 나서 아이가 좋아하는 엄마 팔꿈치를 주지 않으려 했고, 물을 마시다가 컵에 손을 넣으며 장난을 치려 했다고 언성을 높였다. 바로 후회할 거면서 또 실수를 범했다.

"미안해. 엄마도 사람이라서 잘못할 수 있어. 엄마가 실수할 때는 네가 얘기해줘."

아이에게 꼭 이런 사과의 말을 하는 게 좋다고 한다. 나는 잘못임을 느끼면 바로 아이에게 미안하다고 말한다. 이 횟수가 빈번한 게 문제다. 서투른 이 닦기를 비롯해 장난치고 싶은 마음을 억누르지 못하는 아이의 모자란 부분을 알려주면서 채워주듯이, 엄마도 자신에게 부족한 부분을 깨달으면 그냥 비워두지 말고 채워가야 한다.

아이로
하루 살아보기

내 시각에서 바라보는 것과 아이의 눈높이로 바라보는 것 사이에는 많은 차이가 있다. 가끔 아이의 뇌 구조는 어떨까 궁금해서 상상해보곤 한다. 아이는 지금 무슨 생각을 하고 있을까?

아이의 시선으로 본 하루

🤍 아침부터 엄마는 왜 그래?

엄마는 아침에 왜 깨우는 거야? 나는 푹 자고 싶은데 유치원에는 왜 가야 하느냐고 물어보면 친구들하고 놀아야 된다고만 하고! 유치원에 안 가도 그냥 놀이터에서 놀 수 있는데 굳이 가야 돼? 유치원 말고 바로 수족관에 가고 싶은데 속상해. 그래도 유치원 버스를 타러 나오니까 친구들이 많아서 좋아. 엄마가 왜 유치원에 가라고 하는지 조금은 알 것 같아.

♡ 사랑이 변한 거야?

밥 먹기 싫은데 안 먹으면 안 돼? 엄마도 밥을 안 먹을 때가 있으면서 왜 나보고만 꼬박꼬박 챙겨 먹으라고 하지? 그리고 더 어릴 때는 내가 오물오물 씹기만 해도 예쁘다고 해놓고 이제 숟가락질을 하라니! 전처럼 그냥 엄마가 먹여주면 되잖아. 예전에는 내가 하품만 해도 예쁘다더니 엄마는 왜 자꾸 한숨을 쉬어? 내가 싫어진 거야? 사랑이 식었구나.

♡ 왜 나만 안 돼?

바닥에 떨어진 과자는 왜 먹으면 안 돼? 비둘기랑 개미는 먹잖아. 쟤네들은 맨날 바닥에 있는 걸 먹어도 괜찮던데 엄마는 괜히 유난이야. 참 이상해.

♡ 그냥 내 마음대로 하면 안 돼?

놀이터에서 나만 마음껏 그네를 타고 싶고, 높은 데도 올라가서 놀고 싶어. 또 엄마는 놀이터에 가시가 있다고 자꾸 신발을 신으라고만 해. 왜 신발을 벗으면 안 돼? 내 눈에는 가시가 하나도 안 보이는데 귀찮게 잔소리만 해. 맨발로 다니면 얼마나 시원한데, 미끄럼틀에도 미끄러지지 않고 올라갈 수 있는데 엄마는 왜 못 하게 해?

만화 보고 싶다고! 같이 보자. 나 혼자 보기 아까워. 엄마도 꼭 같이 봐야 해. 왜 안 오는 거야? 설거지는 나중에 해도 되잖아. 지금 함께 봐야 이따가 놀 때 말이 통하지. 만화에서처럼 엄마랑 재미있게 놀고 싶단 말이야.

♡ 뭐가 그렇게 안 되는 게 많아?

경찰차랑 더 놀아야 되는데 자꾸 자래. 아침에는 자지 말고 일어나라더니 왜 지금은 자라는 거야? 이랬다가 저랬다가 변덕쟁이 엄마야! 만화도 더 보고 싶은데 딱 다섯 번 만 더 보고 자는 게 뭐가 어렵다고 그래. 엄마 정말 미워.

아이의 생각을 잠시 유추해보니 완벽히는 아니지만 아이가 왜 그러는지 이해됐다. 일일이 다 챙겨주던 엄마가 이젠 자꾸 질문을 던지면서 스스로 하라고 떠미는 게 냉정해 보일 수 있다. 아이는 늘 그대로인데 엄마의 태도는 아이의 나이에 따라 변하니 이해하기 어려울 것이다.

아이의 시각에 따라 하루 일과를 적다 보니 온통 원망뿐이다. 찔리는 마음에 내가 잘 못해준 일이 자꾸 떠오르는 것 같다. 아이의 머릿속에 행복한 순간이 한 번이라도 더 떠오르도록 아이의 마음을 열심히 들여다봐야지.

꿈꾸는 아이,
엄마도 꿈꾸자

　아기도 꿈을 꾼다. 혼난 날에는 자면서 악몽을 꾸며 울기도 하고, 기분 좋은 꿈을 꾸는지 깔깔거리며 박장대소를 하는 날도 있다. 간식이 더 먹고 싶었는지 사탕을 찾는 잠꼬대도 한다.

　잘 자는 아이를 보고 나면 이제부터 자유 시간을 얻을 수 있어 행복하기도 했지만, 과연 나는 꿈을 꿀 수 있을까 질문하게 됐다. 꿈에 대해 아이를 낳고 나서야 더 진지하게 파고들 수 있었다. 그렇게 많이 고민하고 그 방법을 찾다 보니 꿈 근처에까지는 갈 수 있었다.

　아이를 낳은 후 꿈만 꾸던, 아니 감히 꿈꾸지도 못했던 드라마 일을 하게 됐다. 누군가는 고작 드라마 보조로 일하는 게 무슨 꿈씩이냐고 비웃을 것이다. 하지만 아이를 낳은 지 100일이 조금 넘은 시기에 내가 일을 구한다는 것은 정말 어려웠다. 특히 아기가 자는 새벽에 일할 수밖에 없었던 나를 이해해주는 직장은 극히 드물다. 나는 행운처럼 그것까지 포용해주는 작가님들을 만났다. 만약 아이가 내게 오지 않았다면 대학생 때부터 꿈꿨지만 엄두를 내지 못했던 드라